RENZHI SHIJIE DE XINLIXUE

在纷繁复杂中看透本质，知其然亦知其所以然

经典定律，颠扑不破，让生活尽在掌控

情况越复杂，我们越需要心理定律的指导，指导我们如何面对复杂情况并冷静地解决它

认知世界的心理学

刘鹏 著

北京日报出版社

图书在版编目（CIP）数据

认知世界的心理学/刘鹏著. -- 北京：北京日报出版社, 2021.8
ISBN 978-7-5477-3972-3

Ⅰ.①认… Ⅱ.①刘… Ⅲ.①心理学—通俗读物 Ⅳ.① B84-49

中国版本图书馆 CIP 数据核字（2021）第 082571 号

认知世界的心理学

出版发行：北京日报出版社
地　　址：北京市东城区东单三条8-16号东方广场东配楼四层
邮　　编：100005
电　　话：发行部：（010）65255876
　　　　　总编室：（010）65252135
印　　刷：三河市祥达印刷包装有限公司
经　　销：各地新华书店
版　　次：2021年8月第1版
　　　　　2021年8月第1次印刷
开　　本：710毫米×1000毫米　1/16
印　　张：16.5
字　　数：196千字
定　　价：48.00元

版权所有，侵权必究，未经许可，不得转载

前言 PREFACE

为什么明明是不真实的，甚至是错误的现象，很多人却奉若神明？

为什么一个自认为很优秀的人，别人却对他不屑一顾，甚至持否定态度？

为什么一个领导对犯了错误的员工批评了多次，员工却依然如故？

为什么家长对孩子关怀备至，孩子却对家长的爱视而不见？

为什么大家都不看好的人，最终却取得了成功？

人们总说这个世界是纷繁复杂的，但是心理学家却说这个社会是有规律可循的；人们总是说人心叵测，但是心理学家却用事实证明人心是可以揣摩的。心理学家经过深入的研究，总结出许许多多适用于生活、工作和人际交往的心理学法则。

美国物理学者约瑟夫·福特说过："上帝和整个宇宙玩骰子，但这些骰子是被动了手脚的，我们的主要目的是去了解它是怎样被动的手脚，以及如何通过这些方法，达到自己的目的。"日常生活中，我们每说一句话、每做一件事都受到一定的心理状态和心理活动的影响和制约，尽管有时候我们觉察不到。说一个人发脾气、闹情绪，这就是一种心理活动；说一个人扬扬得意、意气风发，这也是一种心理状态；说一个人品行不好、思想消极，这其实还是心理活动的一部分。

在自然界中，太阳的东升西落，月亮的阴晴圆缺，地球运行的轨道，潮起潮落，春夏秋冬的更替……一切都是那么有规律。其实在人类的心灵世界里也存在着许多规律，只是人们对这些心理定律的了解并不多。

本书所选取的73个经典的心理学定律，是当今世界非常重要的成功法则。自信心定律、木桶定律、蘑菇定律、吸引定律、积累定律……这些经典的心理学定律，被不计其数的人运用并验证过，各界精英都依照这些规律去积极改变自己的人生。

以往人们只是局限于心理定律本身所适用的社会领域，事实上，这些定律对人生也有"导航灯"的作用。因为无论是为人处世，还是设立目标、与人交往、领导组织，都可以应用这些定律和效应。本书详尽分析了每个心理定律，既有对这些定律的详细介绍，也举出了生动翔实的例子加以说明，使这些定律更实用，更具指导意义。

心理学家指出，心理定律能够指导我们的行为，情况越复杂，我们越需要这些心理定律的指导。希望在本书的帮助下，大家能学会运用心理定律管理自己，管理人生。

目录 CONTENTS

01	手表定律	001	12	累积定律	038
02	蘑菇定律	004	13	厚脸皮定律	041
03	期望定律	007	14	木桶定律	045
04	相关定律	011	15	酒与污水定律	048
05	吸引定律	014	16	挫折效应	051
06	所思所梦定律	017	17	孤独效应	054
07	情绪定律	020	18	空虚效应	058
08	坚信定律	024	19	嫉妒效应	062
09	自信心定律	027	20	虚荣效应	066
10	自制力定律	031	21	紧张效应	070
11	人际关系定律	034	22	浮躁效应	073

认知世界的心理学

23	恐惧效应	076
24	心理暗示效应	080
25	心理平衡效应	084
26	逆反效应	087
27	布里丹毛驴效应	091
28	酸葡萄效应	094
29	刺猬效应	098
30	苏东坡效应	102
31	责任分散效应	106
32	糖果效应	110
33	自我选择效应	114
34	从众效应	117
35	南风效应	120

36	增减效应	123
37	权威效应	126
38	投射效应	129
39	登门槛效应	133
40	齐加尼克效应	136
41	毛毛虫效应	139
42	鲇鱼效应	142
43	蝴蝶效应	146
44	泡菜效应	149
45	态度效应	152
46	皮格马利翁效应	156
47	巴纳姆效应	159
48	边际效应	162

目录 CONTENTS

49	过度理由效应	165
50	反馈效应	168
51	幽默效应	171
52	习惯效应	175
53	过度完美效应	179
54	懒蚂蚁效应	182
55	角色效应	186
56	猜疑效应	190
57	倾诉效应	194
58	吝啬效应	198
59	超限效应	201
60	攀比效应	204
61	光环效应	207

62	破窗效应	210
63	异性效应	213
64	鸟笼效应	216
65	首因效应	219
66	詹森效应	223
67	记忆的自我参照效应	226
68	思维定式效应	230
69	刻板效应	234
70	瓶颈效应	238
71	共生效应	242
72	禁果效应	245
73	半途效应	248

01 手表定律

每个人都不能同时挑选两种或者两种以上的不同行为准则或者价值观念，否则他的工作和生活必将陷入混乱之中。

只有一个标准时，做起事来往往比较从容，而如果有两个或者多个标准，则会让人变得无所适从。这说的就是手表定律。有一则寓言故事，讲的就是这个道理。

森林里有一群猴子，每天太阳升起的时候，它们外出觅食，太阳落山的时候回去休息，日子过得平淡而幸福。

有一次，一名游客穿越森林，把手表落在了树下的岩石上，被猴子伶俐拾到了。聪明的伶俐很快就摸清了手表的用途，于是伶俐成了整个猴群的明星，每只猴子都向伶俐请教确切的时间，整个猴群的作息时间也由伶俐来规划。伶俐逐渐树立起威望，当上了猴王。

做了猴王的伶俐认为手表给自己带来了好运，于是它每天在森林里巡查，希望能够拾到更多的手表。功夫不负有心人，伶俐又拥有了第二块、第三块手表。但伶俐却有了新的麻烦：几块手表指示的时间不尽相同，究竟哪一个才是确切的时间呢？伶俐被这个问题难住了。当有下属来问时间时，伶俐支支吾吾地回答不上来，整个猴群的作息时间也因此变得混乱起来。

过了一段时间，猴子们起来造反，把伶俐推下了猴王的宝座。伶俐的收藏品也被新任猴王据为己有。但很快，新任猴王同样面临着伶俐的困惑。

这就是著名的手表定律的起源。当一个人只有一块手表时，他只有一个判定时间的标准，而当他同时拥有两块手表时，他判断时间的标准就会受到干扰，甚至无法确定当前的时间。也就是说，两块手表并不能告诉一个人更准确的时间，反而会让看表的人失去对准确时间的信心。我们要做的就是选择其中较让人信赖的一块，尽力校准它，并以此作为自己的标准，听从它的指引行事。

如果每个人都"选择你所爱，爱你所选择"，无论成败都可以心安理得。然而，困扰很多人的是：他们被"两块手表"弄得无所适从、身心交瘁，不知自己该相信哪一个。还有人在环境以及他人的压力下，违心选择了自己并不喜欢的道路，为此郁郁而终，即使取得了受人瞩目的成就，也体会不到成功的快乐。

手表定律在企业经营管理方面给了我们一种非常直观的启发，那就是对同一个人或同一个组织的管理不能同时采用两种不同的方法，不能同时设置两个不同的标准，甚至同一个员工不能由两个领导来同时指挥，否则将使这个员工甚至这个企业无所适从。

手表定律所指的另一层含义在于每个人都不能同时选择两种不同的价值观，否则，他的行为将陷于混乱之中。在现实生活中，我们每个人都会遇到类似的情况。比如，在面对两个各有优点、同样倾心于你的人时，你一定会苦恼许久，按照身高标准，似乎觉得这个好一点；但按照相貌标准，则又觉得另一个人也不错。这个时候，很多人都不知道该如何做出决断。在择业时，地点、待遇各有所长的两家单位，你认为都很满意，同样会使你举棋不定。在人生的每一个十字路口，我们经常要面对"鱼与熊掌不可兼得"的苦恼。

人生的很多苦恼都来自太多的标准，拥有太多的"手表"，"手表"太多了就会让情况变得复杂，让人无所适从。很多人都说："简简单单过一生。"这所谓的"简单"就是尽量减少自己的"手表"。就像电影《天下无贼》中的傻根，他之所以快乐，就是因为他只有一个标准。

小 故 事

没有正确的标准，只有适合自己的标准

有两个人一起结伴到山里露营，一个人的生活标准是浪漫，另一个人的生活标准是现实。

晚上睡觉的时候，现实的人问浪漫的人："你看到了什么呀？"浪漫的人回答说："我看到了满天的星星，深深地感觉到了宇宙的浩瀚、造物者的伟大，我们的生命是何等的渺小和短暂……那你又看到了什么呢？"现实的人回答道："我看到有人把我们的帐篷偷走了。"

或许有人会问："这两个人的看法哪个比较正确呢？"都正确。他们因为标准不同而得出了不同的结论。这个世界也正是因为众多人选择了众多的标准而变得五彩缤纷。

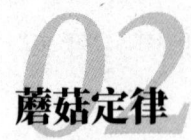

蘑菇定律

每个人在成长中都会经历一些苦难，不能忍受苦难的人只能用一生去忍受平庸，能忍受苦难的人则能突出重围走向成功。

蘑菇定律是指刚踏入社会的人常常会被置于阴暗的角落，不受重视或打杂跑腿，被迫接受各种无端的批评、指责或者代人受过，却得不到必要的指导和提携，处于自生自灭的状态。蘑菇的生长必须经历这样一个过程，人的成长也肯定会经历这样一个过程。这就是"蘑菇定律"，也叫"萌发定律"。

据说，蘑菇定律是20世纪70年代由国外一批年轻的计算机程序员总结出来的，这些天马行空、独来独往的人早已习惯了他人的误解和漠视，最初他们用这个定律来自嘲和自我安慰，但后来，流传得越来越广，也得到了更多人的认同。

大多数人都有一段做"蘑菇"的经历，这不一定是什么坏事，尤其是当一切都刚刚开始的时候，当上几天"蘑菇"，能够消除很多不切实际的幻想，让我们更加接近现实。

无论多么优秀的人才，初次工作都只能从最简单的事情做起，这是一条必经之路，谁想从这一步跳过去，谁就会栽跟头。"蘑菇"的经历对成长中的年轻人来说就像蚕茧，是羽化前必须经历的一步。很多年轻人走出校园时都抱有很高的期望，认为自己应该得到重用，应该得到丰厚的报酬，工资成了他们衡量彼此价值的唯一标准。一旦得不到重用、工资达不到预期，自己编织的美梦就会彻底破灭。这时就容易失去信心，失去对工作的热情，甚至消极地对待人生。

王健刚到公司的时候几乎一个朋友都没有，这是因为他正春风得意，经常吹嘘有多少人找他帮忙，哪个人又给他送了礼，等等，似乎地球离开他就无法转动了一样。同事们听了不仅不欣赏，而且极为反感。后来经过当了多年领导的老父亲的点拨，他才意识到自己的毛病。从此，他很少谈自己的得意之事，而是谦虚地说自己存在很多不足，他多听少说，更多的是赞扬别人的成绩，慢慢地，他的人缘好了起来。

绝大多数人都要经历蘑菇的萌发过程。但是，萌发的时间过长，就会被人认为是无能者。所以，要善于表现自己，寻找机会脱颖而出。要找到自己的定位，选择正确的道路。在组织中，要把忠于集体放在首位，通过坚持不懈地努力，获得成功。

在我们的日常生活中有很多这样的人，虽然他们思路敏捷，口若悬河，说出的话也有几分道理，但是刚说几句就会令人感到狂妄自傲、目中无人，所以别人很难与他们沟通。这样的初生"牛犊"往往吃不到更好的"草"，因为大部分"老牛"都不愿意告诉他更好的"草"在什么位置。

刚踏入社会的年轻人要学会先当"小苗"后做"大树"，要学会克制自己的表现欲望。只有这样，才能提高自己的能力，才会受到别人的欢迎，从而做好我们要做的事。克制是"忍"的一种，克制自己有助于提高自己的能力，克制本身就是一种能力。做事多检点自己的言行，对成功而言是绝对必要的，因为一些话语的伤害程度远比直接揍人一顿更让人"疼痛"。

小 贴 士
保持低调是做人的智慧

生活中的很多道理都是值得我们学习的，蘑菇定律告诉我们要学会忍受起步时的屈辱，这是有一定的道理的，即使在完成起步阶段之后，也要保持低调。俗话说"枪打出头鸟""出头的椽子先烂"。同样，越是那些看上去优秀的人，越容易一落千丈，因为大部分人都把他当成对手。

锋芒毕露是一种幼稚的行为，做人不能夜郎自大，真正的高人不会随便显示自己的实力，正所谓"真人不露相"。保持低调是做人的智慧，在与人相处时，以一种低姿态出现在对方面前，表现得越谦虚、平和、朴实、憨厚，甚至愚笨、毕恭毕敬，越容易获得他人的好评；不懂得低调的智慧，过于猖狂跋扈，最终只能是自食恶果。

常言道："一瓶子不满，半瓶子晃荡。"那些确实有真才实学的人是不会随便在别人面前卖弄自己的才华的，只有那些半懂不懂的人才需要用这种方式为自己的无知壮胆。抬头走路容易摔跟头，只有低着头走路才能看清障碍，才能走得稳、走得远。

古人认为君子要聪明不露，才华不逞。如果一个人总是喜欢显露自己的才干，那么他必然会遭受很多挫折。在现实生活中，做人要善于藏锋露拙。有才干本是好事，但是带刺的玫瑰容易伤人，也会刺伤自己。

期望定律

如果一个人有自信心,对自己满怀期望,他就会朝着自己期望的方向发展。

美国著名心理学家罗森塔尔在 1966 年设计了一些实验,试图证明实验者的偏见会影响研究结果。在其中一项引人注目的研究中,罗森塔尔及其同事要求老师们对他们所教的小学生进行智力测验。

他们告诉老师们,班上有些学生属于大器晚成者,并把这些学生的名字念给老师听。罗森塔尔认为,这些学生的学习成绩可望得到提升。事实上这份大器晚成者的名单,是从一个班级的学生中随机挑选出来的,他们与班上的其他学生并没有显著不同。

可是当学期之末,再次对这些学生进行智力测验时,他们的成绩显著优于第一次测得的结果。这种结局是怎样造成的呢?罗森塔尔认为,这可能是因为老师们认为这些大器晚成的学生开始崭露头角,予以特别照顾和关怀,致使他们的成绩得以提升。这就是"期望定律"。

期望定律一般被广泛应用在管理过程中。比如,管理者相信下属,并给对方一定的期许,对方往往就会按照上司期许的目标奋进。同样,老师注意在教学活动的各个环节中表现出对学生的充分信任，并给予学生更多的肯定与鼓励，使学生树立起极大的学习信心，往往就能获得理想的教育效果。

以教学管理为例。不同的学生，其发展现状及发展潜力都是不一样的。如果老师高高在上，居高临下，以对成人的要求、特优生的标准看待一般的学生，看到的永远只能是他们一无是处的一面。在这种情况下，是做不到对学生真诚以待的。如果老师能俯下身子与学生平视，那学生在老师的心目中就会变得高大。有了这种感觉，老师对学生的肯定、鼓励就会发自内心，对他们的期待就会非常真诚，学生自然就能从老师的言谈举止中感受到这种真诚。

有一位年轻的女实习老师在接手一个班级的管理工作时，这个班的班主任对她说："班里有一位特别调皮的孩子，上课经常不认真听讲，脑子很笨，考试经常拖全班同学的后腿。"这位实习老师上课时特别注意了一下那个所谓的"笨孩子"。她发现这个孩子总是一个人坐在角落里，闷闷不乐。

于是，她走过去对这个孩子说："我听你们班主任老师说你是一个聪明的孩子，只要你肯努力学习，你就能成为咱们班最优秀的学生。"这个孩子听了实习老师的话，眼里闪出一丝光亮，后来他努力学习，刻苦钻研，成绩节节提高。

半年后，当那位年轻的实习老师正式来学校执教时，这个调皮的孩子出乎意料地成了班里的学习尖子，连他以前的班主任对他的变化也感到惊奇。

学生都是有个性的，其能力的发展、方向都不完全相同，对于同样的问题，或是同样的结果，放在不同的学生身上，其价值是不一样的。

就是在同一个学生身上，如果老师换个角度想一想，就会发现学生原来还可以那么出色。

因此，老师必须为学生搭建展示自己的舞台，让学生在这些舞台上大显身手，这样，学生的才能就能充分地展现出来。老师对学生的认识更深一层，对学生就会增添欣赏与喝彩，减少轻视与指责，老师的一言一行中就会充分流露出对学生的信任。

期望定律可以被广泛应用在生活中的各个方面。例如，当你对一个人期望较高，总是给对方鼓励时，对方就可能成为你所期望他成为的那种人。同样，当你对自己没信心时，不妨给自己一个期许，并给自己足够的信心和勇气，朝着这个目标不断地前进，最终你取得的进步连你自己都会惊叹不已。

小 故 事

一个令人沉思的小实验

一个学校派出10位老师来做实验。给每个老师分配一组学生，他们被告知，这群学生事前经过"测试"，其中有一半的学生智力超群，另一半学生则智力普通。半个学期下来，实验者对学生再次进行了测试，测试结果显示，被"测试"过的学生中，"智力超群"的明显比"智力普通"的优秀，当然，这是老师预料中的结果。

但是最后，老师们却被告知，这群学生事前根本没有被测试过，更没有智力上的差别。那么唯一的区别在哪里呢？唯一的区别在于老师的期望值。

老师有时意识不到他对某些学生做了一些不同的事，也许老师只是抚摸了"智力超群"的学生的头,也许多给了他一个鼓励的眼神,也许对他的微笑更灿烂一些。但在学生眼里,意义却很大。如果学生觉得老师对自己的期许高,学生就会觉得自己的潜能高;反之,如果学生觉得老师对自己的期望低,这个学生就会觉得自己的潜能低。

相关定律

当你专注于某个难题无法突破时,不妨从与它相关的地方着手。

世界上没有孤立存在的事物,所有的事物都处在纵横交错的联系之中:积云成雨,说的是云与雨的联系;水涨船高,说的是水与船之间的关系……这些都充分说明了事物之间是相互关联的,整个世界是一个相互联系着的统一整体。由于事物之间的普遍联系,不同事物相互作用、相互影响。一个问题的解决,往往影响到其周围的众多事物。人们以事物之间存在普遍联系这一客观事实为依据,得出了"相关定律"。

相关定律是指人们在进行创造性思维、寻找最佳思维结论时,由于思路受到其他事物已知特性的启发,便联想到与自己正在寻求的思维结论相似和相关的东西,从而把两者结合起来,达到"以此释彼"目的的方法。

相关定律给我们的启示是:世界上的每一件事情之间都有一定的联系,没有一件事情是完全独立的。要解决某个难题最好从与其相关的某个地方入手,而不是只专注在一个困难点上。

相关定律的运用要依赖较强的联想力,物理学史料中有许许多多关于科学家探索、发现物理规律的故事。这些著名的科学家无一不具有很强的联想力。

伽利略观察吊灯而发现摆的等时性、阿基米德洗澡时领悟出浮力的作用、瓦特由水壶盖被顶起而发明出蒸汽机……他们都是由一个小的现象得出了一个大的结论，最终取得了举世瞩目的伟大成就。在这些故事中，有一个苹果落地的故事，牛顿就是由此想到万有引力的。

故事大概是这样的：牛顿在他家花园里的苹果树下看到苹果落地，首先想到苹果为什么不飞上天而是落到地上呢？他认为苹果会落到地上，与高度无关。他接着想到，苹果如果长在月亮那么高的地方，也会落到地上，但是，月亮为什么不会落到地上呢？他又想到，在山顶上把一枚炮弹发射出去，炮弹将以曲线轨道落到地面，发射速度越大，炮弹落得越远。如果发射速度足够快，炮弹就会绕地球旋转，永远不落到地面。接着，他想到，以足够快的速度绕地球旋转的炮弹多么像月亮，可是它又为什么不会飞离地球呢？一定是它们之间存在着一种相互作用的力。这样就基本形成了万有引力定律的雏形。

同样的道理，相关定律还可以用在环境问题上。环境问题不单单是某个人、某个单位的事情，而是大家共同面对的生存空间的境况问题。因而，一定空间范围内某个人、某个单位对环境的破坏，必殃及其他人、其他单位。同样，某个人、某个单位对环境重视，消除破坏环境的因素，必将使大家共同受益。正是由于这种事物之间的普遍联系，使得相关性在创造性思维活动中占据相当重要的地位。我们要大力培养自己洞察事物之间相关性的能力，善于抓住事物和问题的关键，寻求从小处着眼来解决大的问题。

相关定律的应用非常广泛。例如，在日常生活中，我们会遇到很多棘手的问题，这些问题让人不知该如何处理。有的人在困难面前驻足不前，即使绞尽脑汁也不知该如何解决；而有的人转换思想，从与之相关的事物着手，最终使问题迎刃而解。显然，后者运用了相关定律。当你学会运用相关定律时，你就会去观察与之相关的事物，从一些小事上寻找解决问题的突破口，然后顺着它们之间千丝万缕的联系，顺藤摸瓜，最终解决你所面临的大难题。

小 故 事
斯考吉的智慧

加拿大一个名叫斯考吉的女孩从小就爱看比尔·盖茨的书，并热衷于研究《财富》杂志每年所列的全球最富有的100个人。她发现其中有95%以上的人从小就有发财的愿望，57%的全球巨富在16岁之前就想开属于自己的公司，3%的全球巨富在未成年之前就已做过至少一桩生意。她得出结论：要想致富，就必须从小拥有赚钱的意识。

斯考吉在股票投资上有一些小经验，例如，她专盯一家钢铁企业的股票。当这家企业股票下跌到每股4美元以下时，某证券营业点门口的摩托车就变得很多，过一段时间股价就会涨回去。等这家股票涨至每股8美元左右时，该营业点门口的摩托车又变得多起来，接下去，该股票必跌。她经过调查发现，工人们不愿意看到该厂股票下跌，每次股价较低时，他们都会自发地买进一些股票，从而带动整个股价上升；等到升至一定高位，工人们又抛售股票，致使股价回落。摩托车是工人们往返证券营业点和工厂的工具。于是，斯考吉只要根据营业点门口的摩托车数量就能决定买进或抛售这只股票了。

05 吸引定律

当你的思想专注在某一领域的时候，跟这个领域相关的人、事、物就会特别吸引你的眼球。

吸引定律的核心内容是：你的感觉、你的思想和你所面对的现实，它们之间从来都是一致的。正确地使用你的意识，就可以将自己想要的东西吸引过来并为你所用。茫茫宇宙，万物之间是存在普遍联系的，这种普遍联系实际上可以用两个字来概括，那就是"吸引"。我们知道，一块磁铁可以吸引另一块磁铁，这种吸引源于它们之间"类"的相同。

在日常生活中，我们可以看到很多吸引定律的事例。比如，一个人一直坚信自己会富有的，那么他成为富人的概率就很大；一个人总说自己有病，那他生病的概率也很大。到处都有吸引定律的例证，如果你了解它，你就会像一块磁铁，吸引类似的思想、类似的人、类似的事情以及类似的生活方式。确实，发生在生活中的很多事情，都是人们借助吸引定律的强大力量吸引到生活中来的。

很多人想不通的是：为什么我整天都在想要远离的那样东西，那样东西却偏偏出现在我面前。大多数人之所以总是面对自己不尽如人意的现实，就是出于对吸引定律的无知。吸引定律才不管你认为某个事物是好是坏，也不管你是想要还是不想要它，它只是无差别地回应你的想法。

因此，看到想要的东西，并从心底接受它，你就召唤了一种思想，吸引定律也就会响应你的这种思想。但是，看到不想要的东西，并在思想中排斥它的时候，其实你并没有把它推开。相反，你召唤了一种不想要的思想，而吸引定律就会把你不喜欢的东西，吸引到你的身边来。这是一个以吸引力为基础的宇宙，每样东西都和吸引力有关。吸引定律总是在起作用，不管你是否相信它或是否理解它，它一直在起作用。

学习运用吸引定律是一件很有趣的事情，因为你会充满期待地观察生活，等待你想要的事物出现，你可以刻意地运用这个定律来创造你的未来。吸引定律时刻在为你工作，不管你是否意识到，你每时每刻都在吸引相关的人、状况、工作等很多东西贴近你的生活。一旦你认识这个定律，而且知道它是怎样工作的，你就可以刻意地运用它去吸引你真正想要的东西进入你的生活。怎样运用吸引定律来得到你所需要的呢？方法很简单。

例如，你想在自己平凡的工作岗位上做出不平凡的成绩，那么你就要在工作上集中注意力，倾注你所有积极的能量。你要始终保持良好的状态来对待自己的工作，这样你就接近自己的目标了。

吸引定律可以运用到各个领域。例如，它会帮助你成为一个受下属欢迎的领导，受学生尊敬的老师，受同事喜欢的工作伙伴。它可以帮助你实现自己的目标，实现你认为自己不可能实现的目标。总之，当你想要实现某一目标时，你就要竭尽全力，保持良好的状态，把你想要得到的东西吸引过来。

------------------------------ 小 故 事 ------------------------------

受意念"控制"的吸引

在走访一个朋友的路上,青萍突然希望能看到一个戴小红帽的人,于是她一边走一边观察周围的情况。走了一两分钟,出现了好几个戴帽子的行人,但他们的帽子都是白色、黄色或蓝色的,就是没有红色的。也出现了几个身穿红色衣服的人,但都是T恤或裙子,就是没有帽子。她开始怀疑是不是看花了眼。

于是,她重新聚焦。又过了不到半分钟,一辆摩托车从她身边驶过,后座上,一个中年人头上戴着一个闪亮的红色头盔。她感到很意外。因为天气很热,戴颜色鲜艳的红色头盔看上去很难受。可是,即便如此,小红帽还是接连不断映入她的眼帘。过了一会儿,一个戴着红色运动帽的老大爷出现了。又过了一会儿,是一个戴着红色遮阳帽的中年人。马路拐角,又是一辆摩托车,又一个红色头盔一闪而过。

她想够了够了,帽子看够了。开始来红色的T恤吧!一件、两件……这时,最不可思议的事发生了,她一扭头,看到了一个和她并行的穿红T恤的路人。她望着那个人,刚走了几步,发现马路上的车都停了下来,是在等红灯。再顺着她的视线看,上面是红灯,近处有一个坐在车里的穿红T恤的司机。她的身后,有两个穿着红T恤的洗车工正在工作。同一时刻,五个红点在她的视野里出现了。

----

06 所思所梦定律

梦有时能指导你改变生活，还可以部分地解决醒来时的冲突，使你的生活更加充实。

人人都会做梦。梦是一种奇妙的现象，人不管高低贵贱，也不分男女老幼，都会做梦。梦是与生俱来、随死而去的，如同人身有影，既司空见惯，又神秘莫测。梦是一种完全不可控的东西，你不知道它什么时候来，也不知道它什么时候走。你不能要求它做成这样或是做成那样，也不能要求谁进入你的梦里或是谁别出现。

做噩梦与吉凶福祸没有直接联系，不必为此担忧。关于做梦的原因，主要有以下几种。

1．白天活动的刺激

日常生活中有句谚语叫"日有所思，夜有所梦"。有的人喜欢看一些惊险、恐怖的影视剧或小说，这些刺激形成了记忆表象，一旦进入梦境就容易做与此有关的梦。

2．睡姿不正确

由于人的睡觉姿势不佳，如趴着睡觉或手放在胸部压迫了心脏，容易做一些恐怖的噩梦。

3．身体因素

有的人在身体有恙的时候，如头痛发烧、心脏不好造成大脑缺氧或供血不足，也会做噩梦。

"日有所思，夜有所梦"这句话有一部分是经验之谈，也有一部分有科学根据。对于梦，古今中外都有很多解释。比如说中国的《周公解梦》和弗洛伊德的《梦的解析》。弗洛伊德认为人的活动分为意识活动和无意识活动。在白天醒着的时候，意识活动控制无意识活动，所以有些欲望就不能得以实现。那么到了晚上睡觉的时候，没有意识控制了，这个时候无意识的欲望，就以梦的形式发泄出来，以梦的形式得到满足。

有这么一个"彩民"，他从报纸上看到有个人买彩票中了500万，他自己幻想着有一天能有同样的好运气。他开始疯狂地购买彩票，希望自己也能中大奖。但是，他一次也没中过，此后他逢人便和人家讨论彩票的事，整天上网关注彩票的中奖分析。彩票成了他生活中必不可少的一部分。

有一天晚上，他很晚才睡觉，心里想着明天就要公布中奖号码了，他很激动。睡梦中，他仿佛看到了公布的中奖号码，正好就是自己所买的那注彩票的号码，他中了500万。他发出了笑声，一旁的妻子把他叫醒，他才知道这只是一个梦。

这个事例就是对"日有所思，夜有所梦"的最好解释。梦也是人们潜意识的一种表现形式。人的内心世界是极其丰富的，从第一意识到最深的潜意识。第一意识是我们可以完全掌握并充分应用的"自我"，甚至我们可以掩盖并欺骗它。而潜意识是我们内心深处最为隐秘的意识，在日常生活中很难发现它，正常情况下它无法左右我们的处事方法，但就是它主宰着我们的人格、心理、个性，它就是我们真正的自己，是我们人格、个性、品德等的真实体现。

比如在我们睡觉时是潜意识充分做主，早晨起床后回忆梦境，你也许会发现一些自己内心渴求的东西。如果我们一旦发现了潜意识的存在，一定要充分呵护它、善待它，不要再使它受到打击、污染、惊吓等。

小 故 事
关于梦游的趣事

一些人有睡眠和做梦的障碍，最常见的就是梦游症。有些人睡着以后会无意识地从床上起来，去做很多事情，做完以后又躺在床上睡觉。

过去没有自来水，很多家庭都有水缸，农村人都要用水桶去挑水。这样精细又需要力气的动作，梦游的人在梦中都能完成。为缸里挑满了水后，梦游者接着睡觉。第二天早上起来，连他自己都疑惑是谁把这缸水挑满了。有些家庭主妇半夜起来，把衣服洗了，然后第二天就问："谁把衣服洗得这么干净？"实际是她自己洗的。

可见，梦游的人可以无意识地完成很多精细的日常生活动作。梦游者虽能完成，但是是无意识的，没有投射到意识当中来，没有形成真正的记忆。也就是说，梦游不是自觉意识控制下的一种行为反应。

07 情绪定律

如果能够从根本上改变对一件事的看法,那么,情绪也就会得到很大的影响和改善。

人大多是情绪化的。再理性的人,当他思考问题的时候,也会受到自身当时情绪状态的影响。"理性地思考"本身就是一种情绪状态。所以说人是情绪化的动物,任何时候所做的决定都是情绪化的决定。这就是所谓的"情绪定律"。

情绪虽然有积极的和消极的之分,但我们要明白,消极的情绪和积极的情绪一样对人有帮助,所以不要费尽心机地排除消极情绪。

无论坏情绪本身如何令人不愉快,我们都要认识到每种情绪都有不同的用途。比如,痛苦能让我们回到此时此地的现实之中;内疚能让我们重新审视自己的行动目的;悲哀会让我们重新评价目前的问题所在,并改变某些行为;焦虑能提示我们多做准备;恐惧则能动员全身心,使之行动起来,应对险情。

当然,谁都会被这些消极情绪弄得手足无措,而且这些情绪也并不一定都能发生积极的改变。不过,要记住的是,即便在最令人不快的情绪中，也潜藏着变好的可能。而对这种可能，我们应加以利用。

几乎每个人都喜欢在积极的情绪下学习知识，而不愿在消极的情绪下学习知识，但是我们同样可以影响情绪，学会钻情绪的空子。有时候，同一现实或情境，如果从某一个角度来看，可能引起消极的情绪体验，陷入心理困境；但从另一个角度来看，就可以发现积极意义，从而使消极情绪转化为积极情绪。举个例子来说明一下。

有一个老太太，她有两个儿子，大儿子是卖草鞋的，小儿子是卖雨伞的。晴天时，她担心小儿子的雨伞卖不出去；雨天时，她又担心大儿子的草鞋卖不出去，所以老太太每天都愁眉苦脸的。

一天，有个人告诉她，你换过来想一下不好吗？晴天时你就想大儿子的草鞋可以卖出去了，是不是很开心？雨天时你就想小儿子的雨伞可以卖出去了，是不是也很开心？老太太听了那个人的话，就照着做了，果然是天天都很开心。

许多时候，我们也和那个老太太一样，如果你总是往不好的方面去想，好事也会变成坏事，你也会整天闷闷不乐；如果我们总是往好的方面去想，那么坏事也会变成好事，你将会赢得好心情。人也是如此，事情还是同样的事情，只是自己面对它时带着不同的情绪，得到的就是两种截然不同的心情。学会调整自己的情绪，你就会多一些快乐。

快乐的钥匙不是掌握在别人手中，而是掌握在自己手中。你今天郁闷吗？其实我们都清楚郁闷不是由外界原因造成的，而是由自己的情绪造成的。因此我们要学会做情绪的主人，而不能被情绪左右。心理学家已经证明：人不仅仅是消极情绪的放大镜，而且是积极情绪的制造者，生气郁闷只会折磨自己。所以我们应该学会调整自己的情绪，这样就可以时常保持积极的情绪。

保持积极情绪状态的方法有很多种。比如，宽容别人、保持积极乐观的心态、接纳自己的情绪变化、及时调整自己的不良心态、掌握有效的自我调节的方法，等等。

这些方法在现实生活中特别实用。比如，不慎掉进了河沟里，你就可以想幸好河水不深，不会发生危险；如果你不总问自己是否幸福，你就离获得幸福不远了；有人站在山顶上，有人站在山脚下，所处的位置不同，两者眼中所看到的风景也不同；失败并不意味着浪费时间和生命，反而意味着又有理由去拥有新的经历。

小　故　事

塞翁失马

从前，有位老汉住在与胡人相邻的边塞地区，来来往往的过客都尊称他为"塞翁"。塞翁生性达观，为人处世的方法与众不同。

有一天，不知什么原因，塞翁家的一匹马在放牧时竟迷了路，回不来了。邻居们得知这个消息以后，纷纷表示惋惜。可是塞翁却不以为意，他反而释怀地劝慰大伙儿："丢了马当然是件坏事，但谁知道它会不会带来好结果呢？"

果然，没过几个月，那匹迷途的老马又从塞外跑了回来，并且还带回了一匹骏马。于是，邻居们又一起来向塞翁贺喜，并夸他在丢马时有远见。然而，这时的塞翁却忧心忡忡地说："唉，谁知道这件事会不会给我带来灾祸呢？"

塞翁家平添了一匹胡人骑的骏马，他的儿子喜不自禁，于是就天天骑马兜风，乐此不疲。终于有一天，儿子因得意而忘形，从飞驰的马背上掉了下来，摔伤了一条腿，造成了终身残疾。善良的邻居们闻讯后，赶紧前来慰问，而塞翁却还是那句话："谁知道它会不会带来好的结果呢？"

又过了一年，胡人大举入侵中原，边塞形势骤然吃紧，身强力壮的青年都被征去当了兵，结果十有八九都在战场上送了命。而塞翁的儿子因为是个跛腿，免服兵役，所以他们父子才避免了这场生离死别的灾难。

情绪就像天气一样是短暂性的表现，人世间的好事与坏事也不是绝对的，在一定的条件下，坏事可以引出好的结果，好事也可能会引出坏的结果。所以，发生坏事之后不能丧失信心，发生好事之后也不能得意忘形。

坚信定律

当你对某件事情抱着百分之百的相信态度时，它最后就很可能会变成事实。

在人生道路上，失败是不可避免的。如果一个人坚信自己能够成功，那么他是不会畏惧失败的；如果一个人有害怕失败的心态，那么他很可能会失败。人生必有坎坷，对每一个追求成功的人来说，不怕失败比渴望成功更加重要。纵观历史，那些出类拔萃的人，之所以会取得成功，不是因为他们有超常的智力，也不是因为他们不曾失败过，而是因为他们是不怕失败的人。

在大多数人的心目中，都存在着比尔·盖茨、戴尔这样的榜样人物。但在现实世界里，比尔·盖茨、戴尔这样的幸运儿毕竟是少数甚至是极少数。大多数人都遇到过失败和挫折。但他们并没有对自己失去信心，而是朝着既定的方向不懈地追求着。成功其实并没有想象中的那么难，有时需要的仅仅是坚定的信念，这正是一般人所缺乏的。台塑创始人王永庆卖米的故事也说明了这一点。

王永庆 15 岁时在一家米店当学徒，一年后，他用从父亲那里借来的 200 元钱做本金开了一家米店。当时谷物加工技术比较落后，出售的米里混杂着米糠、沙粒、小石头等，买卖双方都是见怪不怪。王永庆坚信，只要自己在每次卖米前都把米中的杂物拣干净，人们肯定会更加喜欢他卖的米。他这样做了，结果这一做法深受顾客欢迎。

在当时，其他的米店都不提供上门服务，王永庆却坚持送米上门。他给顾客送米时，并非送到就算。他先帮人家将米倒进米缸里，如果米缸里还有米，他就将旧米倒出来，将米缸刷干净，然后将新米倒进去，将旧米放在上层。这样，米就不至于因放置过久而变质。他这个小小的举动令不少顾客深受感动，铁了心专买他的米。就这样，他的生意越来越好。从这家米店起步，王永庆最终成为当时台湾地区商业界的"龙头老大"。

同样是卖米，结果竟然如此不同，关键在于王永庆拿出了一种改变服务观念的信念和决心，并且将之付诸实施。事情似乎很小，做起来好像也轻而易举，但只有成功者才会做得出来。

英国作家夏洛蒂很小就认定自己会成为伟大的作家。中学毕业后，她开始向成为伟大作家的道路迈进。当她向父亲透露这一想法时，父亲却说："写作这条路太难走了，你还是安心教书吧。"

她给当时的桂冠诗人罗伯特·骚塞写信，两个多月后，她日日夜夜期待的回信这样说："文学领域有很大的风险，你那习惯性的遐想，可能会让你思绪混乱，这个职业对你来说并不合适。"但是夏洛蒂对自己在文学方面的才华太自信了，不管有多少人在文坛上挣扎，她都坚信自己会脱颖而出。她要让自己的作品出版。终于，她先后写出了长篇小说《教师》《简·爱》，最终成了公认的著名作家。

不论环境如何，在我们的生命里，都潜伏着改变现时环境的力量。

如果你满怀信心，积极地憧憬着成功的景象，那么世界就会变成你梦想中的模样。你可以达到成功的最高峰，也可以在庸庸碌碌中悲叹。而这一切的不同，在很大程度上在于你是否有成功的信念。

很多事情我们不做，并不在于这些事难以达成，而在于我们不敢做。其实，人世中的许多事，只要你想做，并相信自己能成功，那么你就能做成。所以，对那些说"你不会成功""你生来就不是成功者的料""成功不是为你准备的"等闲言碎语，你完全可以置之不理，你要用实际行动来证明自己的能力。想着成功，你的内心就会形成为了成功而奋斗的无穷动力。不管遇到什么困难，都要坚信自己一定能成功，那么，最终你就很可能会成功。

小 故 事

坚毅的小威廉·皮特

英国前首相小威廉·皮特还是一个孩子时，他就相信自己一定能成就一番伟业。在成长过程中，无论他身在何处，无论他做些什么，不管是在上学、工作还是娱乐，他从未放弃过对自己的信念，他不断地告诉自己应该成功，应该出人头地。

这种自信的观念在他身体的每一个细胞中生根发芽，并鼓励着他锲而不舍、坚韧不拔地朝着自己的人生目标——做一个公正睿智的政治家——前进。

22岁那年，他就进入了国会；第二年，他就当上了财政大臣；到24岁时，他已经成了英国首相。凭着一股要成功的信念，小威廉·皮特完成了自己的人生飞跃。

09 自信心定律

相信自己有能力完成各种任务、应对各种事件、达到预定的目标。这样的人必然是一个充满自信且容易成功的人。

自信是一种十分可贵的品质，是一种不言败的决心。一个人是否有自信心来源于对自己能力的认知。自信就是自己相信自己，指的是一个人对自身能力与特点的肯定。自信意味着对自己的信任、欣赏和尊重，意味着胸有成竹、处事有把握。自信是人们在实践中表现出来的一种美好的性格特征。

一个失去自信的人，总感到他的精神世界中笼罩着层层自卑的阴云，使自己陷入自我否定的误区。一个失去自信的人，也就否定了自我价值，这时思维很容易走向极端，并把一个在别人看来不值一提的问题放大，甚至坚定地相信这就是阻碍自己进步的唯一障碍。很难想象一个缺乏自信的人会有出类拔萃的成就。

产生自信心，是指不断超越自己，产生一种来源于内心深处的强大力量的过程。这种强大的力量一旦产生，就会产生一种很明显的毫无畏惧的感觉，一种"战无不胜"的感觉。产生自信心后，无论你面前的困难有多大、你面对的竞争有多强，你总感到轻松平静。长期的坚持能使自信心产生得越来越快、越来越强。

有的人受到挫折时，始终不能产生足够的自信心，从而一蹶不振；有的人却能在遇到挫折并出现焦虑和绝望后迅速产生强大的自信心，从而拼劲十足地达到目标。这是因为前者平时不注重自信心的培养，到了需要时自然无法产生自信心。而后者，经过长期不断地训练，使自己的自信心产生得越来越快、越来越强。

有一名美国外科医生，他以善于做面部整形手术闻名遐迩。他创造了许多奇迹，经过整形把许多丑陋的人变成漂亮的人。他发现，某些接受手术的人，虽然为他们做的整形手术很成功，但仍找他抱怨，说他们在术后还是不漂亮，说手术没什么成效，他们自感面貌依旧。

于是，医生悟出这样一个道理：美与丑，并不在于一个人的本来面貌如何，还在于他是如何看待自己的。如果一个人自惭形秽，那他就不会成为一个美人。同样，如果他不觉得自己聪明，那他就成不了聪明人；他不觉得自己心地善良，即使只是在心底隐隐地有此感觉，那他也成不了善良的人。

有这么一件事：有位心理学家从一班大学生中挑出一个最愚笨、最不招人喜欢的姑娘，并要求她的同学们改变以往对她的看法。在一个风和日丽的日子里，大家都争先恐后地照顾这位姑娘，向她献殷勤，送她回家，大家以假乱真地打心里认定她是位漂亮聪慧的姑娘，结果怎样呢？

不到一年，这位姑娘就出落得很美丽，连她的举止也同以前判若两人。她感慨地对人们说，她获得了新生。确实，她没有变成另外一个人，然而在她的身上却展现出每个人都蕴藏的美。这种美只有在我们相信自己，周围所有的人都相信我们、爱护我们的时候才会展现出来。

许多人认为，自信心的有无是天生的、不变的。其实并非如此。童年时代受人喜爱的孩子，从小就相信自己是善良的、聪明的，因此才获得别人的喜爱。于是他就尽力使自己的行为名副其实，造就自己成为他所相信的那样的人。如果我们想进行自我改造，提升某方面的修养，我们就应首先改变对自己的看法。不然，我们自我改造的全部努力便会落空。

不要总认为别人看不起你而离群索居。你自己瞧得起自己，别人也不会轻易小看你。能不能从良好的人际关系中得到激励，关键还在于自己。要有意识地在与周围人的交往中学习别人的长处，发挥自己的优点，多从群体活动中培养自己的能力，这样可预防因孤陋寡闻而产生畏缩躲闪的自卑感。

------- 小　测　试 -------
从衣服款式看你的自信心

又到了换季的时候了，该把衣橱整理整理喽。整理过后，你发现自己的衣橱中什么样式的衣服最多呢？

A．最新的潮流服饰

B．颜色鲜艳或是样式夸张华丽的服饰

C．宽大的衬衫或T恤

D．单色、款式简单的服饰

解析：

选择 A 的人：你是那种外表自信，可是内在却有点儿心虚的人。为了掩饰内在信心的不足，你常在不知不觉中随着社会所认同的价值而随波逐流，但是往往又不能完全理解其中的道理。看来你要再用点儿功，多做点儿人际功课。

选择 B 的人：虽然你看起来有旺盛的表现欲望，可是事实却不然，这样的包装，只是你用来掩饰内心不安的工具。其实你是有点儿神经质的人，发生一点儿事就可能有过当的反应出现，所以在外表上，你必须装得毫不在乎，这样才能让你有安全感。

选择 C 的人：表面上看起来，你好像是一个很好说话的人，其实最固执的人就是你了。一旦发起牛脾气来，任谁也拗不过你。害羞、冷漠是你用来掩饰害怕和人群接触的自然反应。

选择 D 的人：你是一个有自信的人，虽然你不会在态度上咄咄逼人，可是只要你坚持一个想法，无论别人如何去唆使、引诱，你都不为所动。不过这不代表你刚愎自用，相反，你很喜欢听别人对你的建议。

10 自制力定律

一个人一旦失去了自制力，便可能误入歧途，导致一生的遗憾。

自制力是指人们能够自觉地控制自己的情绪和行动。既善于激励自己勇敢地去执行做出的决定，又善于抑制那些不符合既定目的的愿望、动机、行为和情绪。自制力是坚强的重要标志。自制力是指一个人在意志行动中善于控制自己的情绪，约束自己的言行的一种品质。

有一本专门描写打猎的书，其中写到有一只红狐狸，为了捕获野鸭子，常常可以连续几天潜伏在冰天雪地的沼泽地，它是那样顽强而有耐心，慢慢地毫无声息地贴在地上接近野鸭子。当野鸭子无意中游开了，红狐狸就用舌头舔一下嘴唇，失望地退回原处等候着。为了填饱饥饿的肚子，红狐狸可以这样往返几十次。连续三天，直到野鸭子由于一时疏忽终于被它逮住为止。这只红狐狸就很善于控制自己的行为。

实际上，这只是狐狸在漫长的进化过程中逐步形成的一种猎取食物的本能。如果说，连动物有时候为了达到某种目的都能控制自己，对于有思想感情的人来说不更应该善于驾驭自己吗？

有的人自制力差，特别容易冲动，其实冲动是在丧失理性时的心理状态和随之而来的一系列恶性行为，打架斗殴、杀人越货都是在失去自制力的情况下发生的。大多数成功者都能把自己的情绪控制得收放自如。这时，情绪已经不仅仅是一种情感的表达，更是一种生存的智慧。如果控制不住自己的情绪，随心所欲，就可能带来毁灭性的灾难；情绪控制得好，则可以帮你化险为夷。

心理学研究表明，一个人的认识水平和动机水平，会影响一个人的自制力。一个成功动机强烈、人生目标远大的人，会自觉抵制各种诱惑，摆脱消极情绪的影响。无论他考虑任何问题，都会着眼于事业的进取和长远的目标，从而获得一种控制自己的动力。

控制自己不是一件容易的事情。举个简单的例子，小孩子在该做作业的时间做作业，而没有放纵自己看电视或者出去玩，这就是自制力在起作用。

自制力是决定一个人能否成功的关键因素，那么怎样培养自制力呢？

首先，要培养自制力，就要有坚定和顽强的意志。不论什么东西和事情，只要意识到它不对或不好，就要坚决克制，绝不让步和迁就。

其次，对已经做出的决定，要坚定不移地付诸行动，绝不轻言改变和放弃。如果执行决定中半途而废，就会严重地削弱自己的自制力。

最后，在受到负面的刺激时，可以先想点儿或干点儿别的。如俄国著名作家屠格涅夫劝人在吵架将要发生时，可以把舌头在嘴里转上十圈，以此提醒自己。

小 测 试
测测你的自制力

下面是一个测试人抵制诱惑能力的问卷：

1．"这是最后一次了"是你常用的口头禅。

2．你经常做出令自己后悔的事。

3．你总是等不到月底就花完这个月的薪水。

4．你是一个很好说话的人，说服你不是什么难事。

5．你经常不能完成自己制定的学习目标。

6．你时常陷入接二连三的麻烦中。

7．你时常去幻想那些不切实际的事，并深深地沉溺于其中。

8．你经常赖床。

9．你的保证与诺言已不太被人们相信了。

10．你每次到超市购物都超出原来的购买预算。

解析：

如果有四个或者四个以上肯定的答案，表明你易于向诱惑屈服。你一而再再而三地做了引诱的俘虏，你的设想与计划常常半路夭折，以至于对自己不抱什么幻想了。

如果有四个以下肯定的答案，表明你抵抗诱惑的能力强，你具有相当顽强的自制力。但你需要注意的是，不要对自己过于苛刻。

11 人际关系定律

　　人不能离开社会而独自生活,每个人都要与周围的人和事发生这样或那样的关系。因此,搞好人际关系是非常必要的。

　　人际关系是我们生活中的一个重要组成部分。不良的人际关系对我们的工作、生活以及心理健康都有不良的影响。在现实社会中,由于各人的性格、禀赋、生活背景及目标等不同而产生的思想上的隔阂,是正常的,也是可以理解的。倘若在工作或生活中和所有的人都合不来,那就需要做自我调整并加以改变。

　　人与人在相处的过程中难免会发生摩擦和对抗。在社会生活中,总有一些人不以真诚面对世人,而是戴着一副假面具示人。即使是表面上要好的朋友,其欺骗性也是防不胜防的。我们在失意的时候,有时会把心中的怨气发泄给别人,可是这样会招来对方的怨恨甚至仇视。结果,一来,大家互相伤害;二来,我们在这样的旋涡里,人人为了自清而痛苦挣扎,无法友好相处,甚至无法享受愉快的生活。

　　常言说得好:"人不可心太直,也不可口太快。"直爽的人虽是值得称赞的,可是,倘若人太心直口快了,反而会招惹一些不好的人或在无意中伤害别人，麻烦自然就源源不断涌来。

陆晨是一名独生子女，来自重庆一个富裕的家庭，被父母视为掌上明珠。上大学一年后，她感到了大学生活的诸多困难，其中最大的困难是难以和同学，尤其是同寝室的同学和睦相处。同寝室的其他七位同学都和她发生过矛盾，她感到孤独寂寞和巨大的精神压力。她也试图改变这种现状，但均以失败告终，最终她向父母提出了终止学业的想法。

不利的人际关系导致陆晨有了终止学业的念头。生活中类似的事情还有很多。搞不好人际关系对一个人造成的影响是有目共睹的，我们必须想办法克服人际交往障碍。那么，怎样才能与他人建立良好的人际关系呢？

首先，保持平和的心态，用客观公正的态度来对待别人，这样自己就不会对社会、家庭等环境产生失望感，同时也不会因为误会而导致与他人的不愉快。良好的心态是与人和谐相处的重要基础。人是复杂的，不同的环境、时间、对象往往会使人表现出不同的态度，进而产生不同的行为与结果。没有一个豁达、沉稳的好心态，人生的路就会越走越狭窄。

其次，在与人相处的时候，要保护好对方的面子。你希望对方怎样对待你，你就应该怎样对待对方。真正有远见的人，会在人际交往中为自己积累人脉，同时也给对方留有相当大的回旋余地，说话不能太刻薄，应该找到利益与自尊之间的平衡点。你希望别人尊重你，就先要把别人放在心上。

最后，要关心帮助别人。患难识知己，逆境见真情。当一个人遇到坎坷、碰到困难或遭到失败时，往往对人情世态最为敏感，最需要关怀和帮助，这时只要一个笑脸、一个体贴的眼神、一句温暖的话语，都能让人感到安慰，感到振奋。因此，当别人遇到困难、陷入困境时，你若能伸出援助之手，帮助困难者，安慰失意者，就可以很快赢得人脉，建立起良好的人际关系。

---------- 小 测 试 ----------
测测你的人际关系怎么样

假如你走向一个熟睡的婴儿时，他忽然睁开眼睛，你认为接下来他会有什么反应？

A. 哭

B. 笑

C. 闭上眼睛继续睡觉

D. 咳嗽

解析：

A. 你并不十分自信，因此很害怕与他人相处，深恐暴露自己的缺点，这使得你常缩在自己的外壳中裹足不前。如果你能再自信一点儿，积极与他人接触，相信你会发现外面的世界非常美好。

B. 你是一个自信满满的人，交际手腕相当不错，很容易和他人打成一片；但要注意的是，不要过度自信，只陶醉在自己的世界中，忽略了别人的感受、想法。

C. 你有点儿孤僻，认为与其和别人在一起，还不如一个人来得快乐自由，所以根本不愿也觉得没有必要踏入别人的世界。然而，工作是注重团队合作的，绝不可独来独往，所以要好好调整自己。

D．你有点儿神经质，非常在乎人际关系，也会小心翼翼地去维护。但太过于在意别人的感觉、想法，会弄得自己精疲力竭。你最好放松一下自己，以平常心来面对人际关系。

12 累积定律

天下并没有多少大事可做，有的只是小事，一件一件小事累积起来就形成了大事。

在现实世界中，每个年轻人都有梦想，都渴望成功，然而志大才疏往往是阻碍年轻人成功的一大障碍。一些年轻人看到的只是成功人士功成名就时的辉煌，却忽略了他们在此之前所付出的艰苦卓绝的努力。事实上，人世间没有一蹴而就的成功，任何人都只有通过不断地努力才能凝聚起改变自身命运的爆发力。成功需要积累，这是一个最原始也是最简单的真理。

生活关闭了一扇通往成功的门，但同时它也可能为我们打开了一扇通往成功的窗。只要我们正视自己，充满自信，做好眼前的事，就能更好地积累起明天成功的基石。生命是一个渐进的过程，需要铺垫，需要积累，因此我们才从呱呱坠地的婴儿一步步长大成人。成功也是一个渐进的过程，也需要铺垫和积累，只有打好成功的基石，我们才能更快地成功。

年轻人都想做一番大事业，却不懂得大事是靠小事累积起来的，只有从点滴的小事做起，日积月累，才可能有大的收获。有一个大家耳熟能详的小故事，它反映了一部分年轻人的心态。

东汉有一少年名叫陈蕃，独居一室而龌龊不堪。其父之友薛勤批评他，问他为何不打扫干净屋子来迎接宾客。他回答说："大丈夫处世，当扫除天下，安事一屋？"薛勤当即反驳道："一屋不扫，何以扫天下？"

俗话说："千里之行，始于足下。"机遇只偏爱那些有准备的人。这些都说明了没有平日的积累，纵然有再好的机遇降临到一个人的头上，他也只能手足无措地与机遇擦肩而过，那是一件很遗憾的事。因此，要"扫天下"必须先学会"扫屋"，分清楚应先扫地还是先洒水，抑或是先拖地板。这样，在"扫天下"时，你才会知道哪些是应该马上解决的，哪些是可以暂缓甚至放弃的。

从小事做起，持之以恒，是成功的基础。许多在事业上有成就的人，都曾通过小事情磨炼自己的意志。著名科学家巴甫洛夫，以工作精确、细致著称。他写字十分工整，像印刷出来的一样。原来在年轻时，他就把工工整整地书写作为自己成功的开端。我国体育名将周晓兰，在球场上吃得了苦、忍得了痛，意志坚强，与她小时候在小事上的磨炼是分不开的。上小学时，她常因看电影而耽误功课，在父亲的帮助下，她从克制看电影做起，功课做不完，就把电影票退掉，再好的电影也不去看。经过一段时间的磨炼，她战胜了自己，成了一名出色的运动员。

累积定律可以被应用到生活中的各个方面。对于学生来说，每天记10个单词，一个月就可以记300多个单词，这样一年下来，收获不言而喻；对于运动员来说，只有平时多加训练，每天进步一点点，这样才可能在大赛中获胜；对于一个科学家来说，只有不断地试验，总结失败的教训，才可能有伟大的发明……许多人所做的工作都只是一些琐碎的事、具体的事、单调的事，它们也许鸡毛蒜皮，也许过于平淡，但这就是工作，这就是生活，这就是成就大事不可缺少的基础。因此不管是做人还是做事，都要注重细节，从小事做起。

生活其实是由一些小得不能再小的事情构成的，一个不愿做小事的人，是不可能成功的。老子就一直告诫人们："天下难事，必作于易；天下大事，必作于细。"要想比别人更优秀，就要在每一件小事上都多下功夫。成功靠的是点滴的积累，事无大小，只要一步一个脚印，踏踏实实地向前迈进，你就有可能取得成功。

小 贴 士
防止累积定律的负面效应

从累积定律中我们可以得到很多有益的启示，但是我们也要防止累积定律带来的负面效应。生活中许多大的错误是由小的错误积累而成的，也有许多快乐是由小的快乐积累而来的。生活中的许多小事看似可以忽略不计，实际上却存在着很大的隐患。俗话说："千里之堤，溃于蚁穴。"很多人往往就是因为忽略了细节才错失人生中的美好。

一个人最终的失败可能源于一次次的小失误。今天你没完成任务，就轻易原谅自己，到明天你又没完成任务，你又一次原谅了自己，那么时间长了，你的任务就会堆积如山，以至于到最后手忙脚乱、焦头烂额。为了防止这种现象的发生，我们在日常生活中，要努力克服自己的小毛病，防止因小失大。

13 厚脸皮定律

脸皮厚不是天生的,只要在日后的生活中能够得到他人的尊重,就不会成为厚脸皮的人。

厚脸皮定律是指,人由于后天长期得不到别人的尊重,久而久之,其羞耻感会逐渐降低,变得对别人的不尊重行为习以为常。其实,脸皮就像手心的肉,如果经常磨它,它就容易形成茧子,以后再磨下去,感觉也就不敏锐了。

心理学告诉我们,每个人天生都是有自尊和羞耻感的。6个月大的婴儿,就能识别"好脸""坏脸"。大人逗他笑,给他好脸,他就会笑;大人横眉竖眼,大声吆喝,他马上就会哭。可见人都有自尊,一个人只有受到别人的尊重,他才会有羞耻感,脸皮才薄。

厚脸皮定律一般被广泛应用于孩子的教育问题上。无论是当父母的,还是当老师的,无视孩子的自尊,动辄就当众辱骂、训斥他,日久天长,孩子就会视辱骂、训斥为"家常便饭",不再脸红,不再害羞,也就变成了厚脸皮的人。那时候,不仅孩子的心灵受伤,你再想影响他,也不像先前那么容易了。在学校里,我们会发现,经常挨批评的孩子反而经常犯错，甚至屡教不改；而那些极少受批评的学生，受到了一次批评，会很难为情、内疚好几天，从而不再犯类似的错误。

厚脸皮定律同样可以应用到企业管理中。比如，一位员工不小心把公司的文件弄丢了，领导当着全公司所有人的面对他严厉指责，他频频地道歉，并下定决心改正自己粗心的毛病，保证下次不犯类似的错误，以后会更加认真地对待自己的工作。可是如果他的领导无视他的诚意，非要拿他的例子给全公司的人以警告，结果，领导见他一次说他一次，同事也一直在他耳边提醒他，导致他颜面尽失，工作起来诚惶诚恐，不断地出错。后来，他对自己也无所谓了，领导的警告成了耳旁风，同事们的善意提醒对于他来说也成了家常便饭。

试想一下，如果领导能够顾及他的尊严，看到他的悔悟之心，对他予以鼓励；同事们能够尊重他，不经常揭他的短，而是给予他理解和信任；他在吸取教训后努力工作，就可能成为一名优秀的员工，而不是一个厚脸皮的人。

同样，人和人之间的相互指责也要小心厚脸皮定律的影响。有的男女朋友之间，刚谈恋爱时看到的都是对方的优点，彼此都很珍惜对方。但是一旦步入婚姻的殿堂，日子就不像以前那么浪漫了，取而代之的就是锅碗瓢盆、柴米油盐的琐事。两个人谁也不愿让谁，做家务也会相互推诿。动辄为一点儿小事吵架，甚至后来升级为大吵大闹，都觉得对方的变化真大啊，已经不是以前那个自己深爱的人了。

刚开始，两人还觉得自己怎么能这样不文明，想要改变自己解决问题的方式，但是越积越久的矛盾却没有办法通过文明的方式得以解决。这样，久而久之，吵架吵得多了，脑子里已经没有什么文明不文明的概念了。男人说，这个女的太不讲理，她失去了以前的温柔善良，变得不可理喻。女人说，这个男的以前都是骗我的，他不再温和体贴，整天一副凶巴巴的样子，是他把我变成了泼妇。

其实这样的恶性循环之所以出现，就是因为两个人之间缺少足够的耐心和理解对方的心胸，他们没有发现交流的艺术，不知道沟通的重要性。最后两个人的潜意识里都抱着破罐子破摔的想法，反正自己就是粗鲁的人，根本就不用做出一副谦谦君子或是温婉贤淑的样子。于是脸皮越来越厚，对交流、沟通中的障碍越来越不在乎。

我们在日常生活中，要学会尊重身边的每一个人。只有自己首先尊重了他人，才会赢得他人更多的尊重，才能避免厚脸皮定律带来的消极影响。

-------------------- 小 贴 士 --------------------
"不要脸"与"厚脸皮"

从字面的意思来看，"不要脸"是可以把自己的脸皮和尊严都撕掉，而"厚脸皮"则是一种状态，说明一个人不会为了一些别人的嘲笑而动摇内心，保持自己的个性。但"不要脸"和"厚脸皮"也有那么一点点的联系。

"不要脸"的人和"厚脸皮"的人在争执发生时，往往都能占上风。"不要脸"者能将讲理的、不讲理的比下去，一些为达目的而不择手段的人会经常使用这种策略。"厚脸皮"当然也有类似的功能，只是"厚脸皮"不像"不要脸"那么露骨，有时甚至可以为人所接受。向自己暗恋的人表露心声，勇敢展示自己的才华，在陌生的环境里积极与人沟通……这些都是害羞的人所做不到的，而做不到这些事情的人注定要失去很多。所以说，为了取得成功，合理地使用"厚脸皮"，未必不是一个好策略。

然而在现实中，大多数人是将"厚脸皮"当作一个贬义词来看的。因而人们听到这个词的时候，就误认为自己做错了事情，就会对自己本来正常的行为加以改变。这样就造成了压抑后的羞涩，长此以往就真的失去胆量了。脸皮太薄，被东西轻轻一碰就可能流血，这样的人做起事来就会害怕别人指指点点，自然会变得畏首畏尾。

----

14 木桶定律

每一个人都可能面临一个共同问题,即构成自己生存技能的"木板"是优劣不齐的,而劣势部分往往决定人的整体水平。

木桶定律是由美国管理学家彼得提出的,其核心内容为:一只木桶盛水的多少,并不取决于桶壁上最高的那块木板,而恰恰取决于桶壁上最短的那块木板。根据这一核心内容,木桶定律还有两个推论:其一,只有桶壁上的所有木板都齐平,木桶才能盛满水;其二,只要这只木桶里有一块木板高度不够,木桶里的水就不可能是满的。

木桶定律是人们从实际生活中总结出来的道理,道理虽然看似简单,但其中却蕴藏着深刻的哲理。这就是说任何一个组织,都有可能面临一个共同问题,即构成组织的各个部分往往是优劣不齐的,而劣势部分往往决定组织的整体水平。

若仅仅作为一个形象化的比喻,木桶定律可谓是极为巧妙和别致的。但随着它被应用得越来越频繁,应用场合及范围也越来越广泛,已基本由一个单纯的比喻上升到了理论的高度。这由许多块木板组成的"木桶"不仅可以象征一个企业、一个部门、一个班组,也可以象征某一个员工,而"木桶"的最大容量则象征着整体的实力和竞争力。

木桶定律出现以后，引起了人们的议论，很多企业领导者都在思考，利用这个理论来启发自己的员工，希望他们不要做团队中最短的那块"木板"，因为这个理论同样可以在企业中运用。在一个团队里，决定这个团队战斗力强弱的不是那个能力最强、表现最好的人，而恰恰是那个能力最弱、表现最差的落后者。也就是说，最短的木板对最长的木板起着限制和制约的作用，决定了这个团队的战斗力，影响了这个团队的综合实力。也就是说，一个企业要想成为一只结实耐用的"木桶"，首先要想方设法提高所有"木板"的长度。只有让所有的"木板"都维持"足够高"的高度，才能充分体现团队精神，完全发挥团队作用。

在这个充满竞争的时代，越来越多的领导者意识到，只要组织里有一个员工的能力很弱，就足以影响整个组织达成预期的目标。而要想提高每一个员工的竞争力，并将他们的力量有效地凝聚起来，最好的办法就是对员工进行教育和培训。一个优秀的管理者，必须善于发现自己负责管理的系统中的"短木板"，敢于揭短，善于补短，才能大大提高工作效率和经济效益。

木桶定律也可以应用到生活中的各个方面。一个孩子的学科综合成绩好比一只大木桶，每门学科成绩都是组成这只大木桶的不可缺少的一块木板。孩子良好学习成绩的稳定形成不能靠某几门学科成绩的突出，而应该取决于他的整体状况，特别取决于他是否存在某些明显的薄弱科目。

同样的道理，每个人在这个社会上生存，都是依靠各种各样的技能，而这些技能就是人生的"木板"，正是这些"木板"的长短不一，造成了每个人不一样的人生，有些人一个月赚几万，而有些人一个月只赚几百……

这种差异并不是因为赚几万的人最长的"木板"有多长，而是他们最短的"木板"有多长。很多时候，我们的发展恰恰取决于那块"短木板"。

所以，我们应该时刻注意取长补短，把劣势转变为优势。让最短的"木板"变长，就能使自己在人生的舞台上跳得更高。

其实每个人都能成为自己感兴趣的领域的成功者，只要你将自己的"木板"和同行业成功人士的"木板"加以对比，很快就会发现自己的不足，加以改进，你就会有所突破。说起来简单，但实现起来却要付出艰苦的劳动，但最起码，木桶定律让每个人都有机会认清自己，它告诉人们，决定自己人生高度的，不是自己最长的那块"木板"，而是最短的那块"木板"。

小 故 事
两只木桶

一位老国王给他的两个儿子一些长短不同的木板．让他们各做一只木桶，并向他们承诺，谁做出的木桶能够装下更多的水，谁就可以继承他的王位。

大儿子为了把自己的木桶做大，就把每块木板都削得很长。但是做到桶壁的最后一块挡板时却没有木材了；而小儿子平均地使用了这些木板，做出了一个看上去桶壁并不很高的木桶。

老国王让两人分别用自己做的桶去装水，结果反而是小儿子并不起眼的木桶装水更多，小儿子最终得到了王位。

15 酒与污水定律

一个正直能干的人进入一个混乱的部门可能会被吞没,而一个无德无才者则很可能会将一个高效的部门变成一盘散沙。

酒与污水定律是指,如果把一勺酒倒进一桶污水中,你得到的是一桶污水;如果把一勺污水倒进一桶酒中,你得到的还是一桶污水。

几乎在任何组织里,都存在几个令人头疼的人物,他们存在的目的似乎就是把事情搞糟。他们到处搬弄是非、传播流言、破坏组织内部的和谐。最糟糕的是,他们像果箱里的烂苹果,如果不及时处理,它就会迅速传染,把果箱里的其他苹果也弄烂。"烂苹果"的可怕之处在于它那惊人的破坏力。

黄帝时的大隗是一个很有治国才能的人,黄帝听说了他的才干,就带领着方明、昌寓、张若等六人前去拜访。在具茨山下的一个山沟里,七个人都迷了路,见旁边有一个牧马童子,就问他知不知道具茨山的位置。牧马童子说:"知道。"又问他知不知道有一个叫大隗的人。牧童说:"知道。"然后把情况都告诉了他们。黄帝见这牧童年纪虽小却出语不凡,就问他:"你懂得治理天下的道理吗?"牧童说:"治理天下跟我这牧马的道理一样,唯去其害马者而已!"

连古代一个小小的牧童都知道要想让马群团结起来,就应该除掉害群之马。我们作为现代人,更应该把这种道理应用到生活中,让它服务于我们的生活。

其实,酒与污水定律在我们的生活中应用得非常广泛,它可以指导我们解决很多难题。例如,它可以指导一名领导者管理自己的组织。组织系统往往是脆弱的,是建立在相互理解、妥协和容忍的基础上的,它很容易被侵害、毒化。

破坏者能力非凡的另一个重要原因在于,破坏总比建设容易。一个能工巧匠花费时日精心制作的陶瓷器,一头驴子一秒钟就能毁坏掉。所以,只要有一头驴子存在,即便拥有再多的能工巧匠,也不会有多少像样的工作成果。如果你的组织里有这样的一头"驴子",你应该马上把他清除掉;如果你无力这样做,那你最起码应该把他"拴"起来。我国有很多谚语能表明这个道理,例如"一粒老鼠屎坏了一锅粥"。

酒与污水定律还可以应用到人际交往中,应该注意远离那些给自己带来负面影响的人。任何事物都不是无懈可击的。物质是这样,人的道德修养也是如此。如果你接触美好的事物或品质优异的人,就有可能由于耳濡目染而不知不觉受到陶冶,不自觉地接受"真、善、美"的世界观,而使自身成为一个优秀的人;但如果你置身于一个"假、恶、丑"的生活态度和生活方式中,自己就会或多或少地受到不良影响,这就是"近墨者黑"。

年轻人思想单纯,阅历浅,经验少,辨别是非的能力还不强,但年轻时思想敏锐,容易接受新鲜事物,容易被"着色",所以更要提高警惕。年轻人要争取多接触一些美好的事物，多熏陶自己，注意防微杜渐，坚决摒弃丑恶的东西。

小 故 事
职场小故事

四只狮子共同搬运一块长方形的石板。其中，A狮兢兢业业，出力出汗，一心想要完成搬运任务；D狮从一开始就没有出力，但是装作很卖力的样子，嘴里还高喊着号子；B狮和C狮则是从众者，它们出力的程度完全取决于上级领导的态度。

于是，这块石板能不能正常搬运，就要看B、C两只狮子究竟是学习A狮，还是模仿D狮。一般来说，由于A狮出力受累，而D狮比较悠闲，那么B、C两只狮子会本能地模仿D狮，石板当然会砸下来。

当然，如果在这个过程中加入管理者介入的因素，结果就会有所不同，但是向哪个方向发展，则完全要看管理者的表现。

如果管理者不仅在口头上大力弘扬A狮的精神，而且在实际工作中重用A狮、提拔A狮，那么B、C两只狮子就会向A狮学习，至少不会偷懒，不敢模仿D狮。这样，即使D狮不出力，那块石板也能顺利地搬运到目的地。

可是如果管理者仅在口头上表扬A狮，而实际上重用提拔的是D狮，甚至连口头上也没有表扬A狮，而是表扬D狮，那么B、C两只狮子就会模仿D狮。这样，即使A狮还在用力，但是B、C、D狮都松手了，石板仍然会砸下来。

16 挫折效应

人的一生不可避免地会遇到挫折，人往往会由挫折和苦难得到更大的考验和提高。

心理学上所说的挫折，是指人们为实现预定目标采取行动而受到阻碍不能克服时，所产生的一种紧张心理和情绪反应，它是一种消极的心理状态。在人生漫长的旅途中，由于各种主客观原因，人人都难免遇到一些困难和失败。

通常，学习上的困难、工作中的不顺利、人际关系的一时误会和摩擦、恋爱中的波折等，固然会引起不良的情绪反应，但相对而言，毕竟是区区小事，影响不大。但严重的挫折会造成强烈的情绪反应，如紧张、消沉、焦虑、惆怅、沮丧、忧伤、悲观甚至绝望。长期下去，这些消极恶劣的情绪得不到消除或缓解，就会直接损害身心健康，使人变得消沉颓废，一蹶不振；或愤愤不平，迁怒于人；或冷漠无情，玩世不恭；或导致心理疾病，精神失常；也有的人可能轻生自杀，行凶犯罪。

在生活中，没有人能够阻挡挫折的到来。我们既然无法阻挡挫折，就应该学会把挫折转化为对自身有利的因素。就像成功学大师戴尔·卡耐基所说的:"我们应该像常青树一样学习怎样去适应,怎样弯下它们的枝条,怎样适应那些不可避免的情况,去学会吸收挫折,而不是反抗生活中的不顺。"

在德国,有一个造纸工人在生产纸时,不小心弄错了配方,生产出了一批不能书写的废纸。因而,他被老板解雇了。正在他灰心丧气、愁眉不展时,他的一位朋友劝他:"任何事情都有两面性,你不妨转变一种思路看看,也许能从错误中找到有用的东西来。"

于是,他发现,这批纸的吸水性能相当好,可以吸干家用器具上的水分。他把纸裁成小块,取名为"吸水纸",拿到市场去卖,竟然十分畅销。后来,他申请了专利,独家生产吸水纸,发了大财。

故事中的主人公就是利用挫折体现了自己的另一番价值。挫折作为一种情绪状态和一种个人体验,各人的耐受性是大不相同的。有的人经历了一次次挫折,仍然能够坚韧不拔、百折不挠;有的人稍遇挫折便意志消沉,一蹶不振,甚至痛不欲生。有的人在生活中受多大的挫折都能忍受,但不能忍受事业上的失败;有的人可以忍受工作上的挫折,却不能经受生活中的不幸。

当你处在顺境的时候,往往看不到自己的不足和弱点;当你遇到挫折的时候,才会反省自身,弄清自己的弱点和不足,并认真加以总结和改进。所以说,挫折就是人生的催熟剂,我们都应该感谢挫折,而不是躲避挫折。

首先,在面对挫折时,我们要树立自信心。只有拥有了自信,才不会因为一时的失败而惊慌失措、一蹶不振。要调整个人抱负,使之与自己的实际情况相符,不切实际的生活目标容易使我们遭受挫折。我们既要注意不能盲目自信、对自我评价过高,又要注意不能在经受较多次的失败经历后，对成功失去希望，自暴自弃、萎靡不振。

其次，要客观地分析自己的优势和劣势，接纳自己的现状，为自己制定切合实际的目标，设定适当水平的理想。在建立大目标的同时，把大目标分为一个个易于实现的小目标，以这些小目标的实现来增强自己的成功体验，使自己有信心去实现最终的大目标。

最后，对由于挫折所产生的愤懑、仇恨或敌意、自责或悔恨等消极情绪，我们要积极调节，使自己较快地从挫折情绪中走出来。但是别忘了分析产生挫折的原因，对自身的不足进行纠正，否则难免重蹈覆辙。

-------------------- 小　故　事 --------------------

聪明的驴子

有一天，农夫的一头驴子不小心掉进了枯井里。农夫绞尽脑汁想要救出驴子，可几个小时过去了，驴子还在井里哀号着。最后，农夫决定放弃，他想这头驴子已经老了，不值得大费周折把它救出来，但是不论如何这口井是一定要填起来的。于是农夫就找邻居帮忙，想把井里的驴子埋了，以免除驴子的痛苦。

大伙人手一把铲子，开始将泥土铲进井里。当这头驴子意识到自身的处境时，哭得很凄惨。但出人意料的是，没多大一会儿它便安静下来了。大家好奇地往井底一看，出现在眼前的情形令他们大吃一惊：当铲进的泥土落到驴子的背部时，它便将泥土抖落到一旁，然后站到泥土堆上面。就这样，驴子一步一步地上升到井口，然后在众人的惊讶中快速跑开了。

17 孤独效应

孤独，是一种常见的心理状态。最重要的是，我们要去驾驭孤独，而不是被孤独驾驭。

人人都可能有孤独的时候，但并非人人都能够战胜自身的孤独感。孤独，并不单纯是独自生活，也并不意味着独来独往。一个人独处，可能并不感到孤独；而置身于大庭广众之中，未必就不会产生孤独感。

一位心理学家认为，真正的孤独，往往产生于那些虽有肉体接触，却没有情感和思想交流的夫妇之间。事实上，不管你是已婚抑或是未婚，也不管你是置身于人群之中，还是独居一室，只要你对周围的一切缺乏了解，和你身处的世界无法沟通，你就会体会到孤独的滋味。

孤独产生的原因，就是缺乏正常社会接触。社会心理学家认为孤独有以下三个特点：

1. 它是由社会关系缺陷造成的；
2. 它是不愉快的、苦恼的；
3. 它是一种主观感觉，而不是一种客观状态。

孤独一般有两种类型：一是情绪性隔绝，指孤独者不愿意与周围人来往；二是社会性隔绝，指孤独者不具有朋友或亲属的关系网。

　　孤独产生的原因多而复杂，比如事业上的挫折、缺乏与异性的交往、失去父母的挚爱、夫妻感情不和、身边没有朋友等。此外，孤独的产生，也与人的性格有关。比如有的人情绪易变，常常大起大落，容易得罪别人，因而使自己陷入一种孤独的状态；还有的人善于算计，凡事总爱斤斤计较，将个人得失考虑得太重，因此造成了人际交往的障碍，最终也变得很孤独。

　　张英在50岁那年失去了丈夫，她悲痛欲绝，自那以后，她便陷入了一种孤独与痛苦之中。"我该做些什么呢？"在丈夫离开她近一个月之后的一天晚上，她对朋友哭诉，"我以后要住到何处？我将怎样度过一个人孤独的日子？"朋友安慰她说："你孤独是因为自己身处不幸的遭遇之中，才50岁便失去了自己的伴侣，自然令人悲痛异常。但时间一久，这些伤痛和孤独便会慢慢减缓消失，你也会开始新的生活——从痛苦的灰烬之中建立起自己新的幸福。"

　　"不！"她绝望地说道，"我不相信自己还会有什么幸福的日子。我已不再年轻，孩子也都长大成人，成家立业。我孑然一身还有什么乐趣可言呢？"抱着这种孤独感过了好几年，她的心情一直都没有好转。

　　孤独的人由于缺少与外界的交流，常常是一个人郁郁寡欢，时间长了，便会造成心理上的疾病。因此，孤独者要学会排解孤独的方法。

　　首先，孤独者要寻找和朋友交流的机会。当你感觉到孤独的时候，翻一翻你的通讯录，也许你可以给某位久未谋面的朋友写封信，或者给哪个朋友打一个电话，约他去看一场周末上映的电影；或者是，请几位朋友来家里吃一顿饭，你亲自下厨，炒上几个香喷喷的菜，都有助于缓解孤独的情绪。

其次，孤独者要学会战胜自卑，因为他们自觉跟别人不一样，所以就不敢跟别人接触，这是自卑心理造成的一种孤独状态。这就跟作茧自缚一样，要冲出这层包围着你的黑暗，你必须咬破自卑心理织成的茧。

最后，孤独者应注意培养自己生活中的乐趣，经常抽出一点儿时间主动接触别人，逐渐改变自己封闭的生活方式。平时有意识地参加一些群体活动，加强自己的参与感，这会使你发现许多有趣的人和事，使你不知不觉地融入人群。

---------- 小 测 试 ----------

测测你的心灵是否孤独

假若你终于搬到了梦寐以求的乡间小木屋，这时体贴的好友想买一张休闲长椅给你，放在木屋外最适合观赏日落的位置，你认为这张椅子会是什么样子的呢？

A．藤制凉椅

B．古朴的长椅

C．悬挂型的像是秋千的椅子

解析：

选择 A 的人：你是一个很怕寂寞的人，只要一寂寞什么悲伤的情绪都会上来，把自己弄得多愁善感。其实人生就是这样，你也不必想太多，快乐点儿过日子吧。

选择 B 的人：你是乐于独处的人，甚至可以很享受这种感觉。只是你很容易被回忆所累，虽然平时就像个陀螺一样忙得打转，可是一旦思潮沉淀，就会为从前的种种感到无比唏嘘。劝自己平常放轻松点儿吧。

选择 C 的人：一个人独处的时候，你最常做的事就是发呆，不然就是在那里没事就东想西想，你很能沉醉在自己的幻想世界之中。你是一个性情中人，可能为任何事感动得痛哭流涕，不过偶尔流流泪对身体也是有益的。

18 空虚效应

心灵空虚的人往往没有追求和远大的理想,就像一只无头苍蝇,到处乱飞,会感到生活像漫漫长夜,没有边际。

空虚,是指百无聊赖、闲散寂寞的消极心态,即人们常说的"没劲",是内心世界不充实的表现。空虚其实是一种社会病,它的存在极为普遍。当社会价值多元化导致个人无所适从,或者个人价值被抹杀时,极易出现这种不良心理。

空虚的人不思进取,没有人生的奋斗目标,自然不会有奋斗的乐趣和成功的欢愉。他们无所事事或不愿做事,常常感到生活无聊、心灵空乏虚无、寂寞难忍。空虚者常常寻求刺激,比如抽烟、喝酒、赌博、闹事等,以此来消磨时间,摆脱心里的寂寞。严重情况下,空虚者甚至会偷盗、抢劫等,走上犯罪的道路。

空虚的人常常感觉自己是在混日子。所谓"混",就是随大流、得过且过,不求有功但求无过,做一天和尚撞一天钟。这种表现实际上就是胸无大志,把社会责任推诿给别人,自己则"等天上掉下馅饼",坐享其成。

空虚的心理,来自对自我缺乏正确的认识。或是对自己能力估计过低，致使整天忧虑，思想空虚；或是因自身能力和实际处境不对等，陷入"志大才疏"或"虎落平阳"的窘境中，常常感到无奈、沮丧；或是对社会现实和人生价值存在错误的认知，以偏概全地评价某一社会现象同事物，当社会现象同个人利益发生冲突时，过分地在意个人的得失，一旦个人要求得不到满足就心怀不满，导致失落、困惑。

一位年轻的职员这样形容自己的生活："每天，我照常地工作、生活，可总觉得心里好像有点儿不对劲，似乎我不知道为什么工作、为什么生活，常常有一种很空虚的感觉。"他不无困惑地说："看看其他同事，工作总是充满热情，玩也玩得潇洒。而我感觉什么都无聊，什么都没意思。这种情绪让我整天百无聊赖、心绪懒散、寂寞惆怅却又不知该怎样解脱。别人怎么就能过得那么充实，而我自己就那么空虚呢？"

这位职员提出的问题恰似一片阴云笼罩在一些年轻人的心头，这就是我们通常所说的"空虚"。在很多年轻人的印象里，它往往与"寂寞""孤独"等词是通用的，但实际上它们之间是有所不同的。其中很重要的一点就是：寂寞、孤独对于人并不总是消极的，有时甚至标志着一个人独具个性；而空虚却只能消磨人的斗志，侵蚀人的灵魂，使人的生命毫无价值。

那么，怎样才能排除心理上的空虚呢？

首先，可以在你感到空虚的时候多读一些书。有意义的书会在我们的面前打开了一扇窗户，让我们看到一个色彩绚丽、令人陶醉的新世界。多读书，就会使我们空虚的心灵充实起来，使我们从狭小的天地驰向无限广阔的知识海洋。一旦有了读书的乐趣，善于从书本中获取知识、汲取力量，即使身居斗室，甚至在荒无人烟的地方，也不会感到空虚。

其次，还要学会谨慎交友。好的朋友总是互相帮助、互相勉励，在你遇到挫折时开导你，在你情绪低落时激励你，在你春风得意时提醒你，在你空虚寂寞时拜访你。难怪物理学家爱因斯坦说："世间最美好的事情，莫过于有几个头脑和心地都很正直、严正的朋友。"

最后，劳动也是摆脱空虚极好的措施。当一个人集中精力、全身心投入工作时，就会忘却空虚带来的痛苦与烦恼，并从工作中看到自身的社会价值，使人生充满希望。

小　测　试

测测你过得充实吗？

你的精神生活充实吗？你是否会常常有空虚的感觉？下面是一个关于生活充实度的测试，符合自己情况的画"√"，反之画"×"。

1. 不大和友人交往
2. 没什么特殊的爱好
3. 不大喜欢与老师和同学或同事相处
4. 经常与其他家庭成员发生口角
5. 吃饭时不感到愉悦
6. 对学习感觉很痛苦
7. 常常一有钱便购买想要的东西
8. 对将来并不怎么乐观
9. 觉得无论干什么都不值得高兴
10. 不大希望受到别人的重视
11. 经常埋怨学校或工作单位离家太远

12．虽然生活水平不错，却不大快活

13．常常因零花钱少或工资低而感到不满

14．常常想改变目前的状态

15．认为生活中有很多不如意的地方

解析：

"√"计0分，"×"计1分。积分0～2、3～5、6～9、10～13、14～15，相应的充实度分别为低、较低、一般、较高、高。

6～9分及以下：生活充实度不够，对学习、工作和生活多有不满，难以感觉到生活的乐趣。但因态度坦诚，这种人具有改变生活的愿望。有这种愿望还应认真分析不满的原因，并应积极想办法加以解决。

6～9分以上：对生活工作现状满意，精神上较充实，往往生活态度乐观，充满热情。但如果答题时不够诚实，则说明对生活中的种种不满被隐瞒了，也许这种人没有改变这种现状的愿望，因此很难自我改善。

19 嫉妒效应

嫉妒是建立在他人幸福之上的一种痛苦。人们嫉妒的往往不是陌生人的飞黄腾达，而是身边人的飞黄腾达。

许多心理学家分析，嫉妒是人类的一种本能，是一种企图缩小和消除差距，维持自身生存与发展的心理防御反应，是当别人在某些方面超过自己，使自己的欲望不能得到满足时，所产生的企图排除乃至破坏别人优越状态的激烈的情感活动。

说嫉妒是一种非理性的自我防御机制，主要体现在以下两个方面。

1．把自己的失败和错误归结于他人

即把嫉妒表现为"借题发挥"、将失败归结于他人，而不是从自身寻找原因，产生埋怨他人的心理。运用这种防御机制，可以达到心理上的平衡，消除焦虑。

2．合理化作用

即通过歪曲现实来保护自己的自尊心。合理化不是欺骗，而是他本人相信这是真的，运用这一机制能使自己得到心理平衡。当面对他人比自己优秀的情况时，采用合理化防御机制，就表现为嫉妒，认为别人的成功或比自己优秀是非正常的，是运用不合理手段得来的。

下面这个小故事就是对嫉妒心理的最好诠释。

雨伞和雨衣是一对好朋友。一到下雨天，雨伞就得到主人的重用，因此，它过得很快活。可好景不长，雨衣得到了重用，雨伞被冷落了，雨伞感到非常失落，对雨衣的态度很快由羡慕变成了妒忌。一天，雨衣刚工作完，就舒舒服服地躺到一边睡起觉来。雨伞觉得这是个大好的机会，于是就来到雨衣旁，用伞头把雨衣扎了个大洞。干完了这一切，它满意地回到了角落。

又是一个雨天，主人把雨衣拿出来，发现雨衣上有个破洞，很心疼。他于是就用剪刀从雨伞上剪下来一块布，缝在了雨衣上。因为主人的手巧，补丁变成了一朵美丽的花，雨衣比以前更漂亮了，而雨伞却被丢在了垃圾箱中哭泣。

妒忌者的痛苦比任何痛苦都大，因为他们既要为自己的不幸而痛苦，又要为别人的幸福而痛苦。因此，嫉妒者应当及早消除自己的嫉妒心理。

首先，要开阔自己的心胸，把眼光放长远一些，不要过分计较得失，不要把荣誉看得太重，要学会提醒自己，千万不要掉进嫉妒的陷阱，使自己从以自我为中心的观念中解放出来，挣脱嫉妒的羁绊，潇洒地面对生活。

其次，克服嫉妒心理也要从消除虚荣心做起。虚荣心是嫉妒产生的重要根源，虚荣心是一种扭曲了的自尊心。对于嫉妒心理严重的人来说，他们往往太要面子，不愿意别人比自己过得好，以贬低别人来抬高自己，这正是虚荣的表现，所以克服一分虚荣心就少一分嫉妒心。嫉妒心一旦产生，就要立即把它打消，以免其作祟。要靠积极进取，使生活充实起来，靠提高自己来消灭嫉妒心理。

最后，当嫉妒心理萌发，或是有一定表现时，要能够积极主动地调整自己的意识和行动，冷静地分析自己的想法和行为。同时客观地评价自己，找出自己的问题以及与他人之间的差距，从而控制自己的动机和思想。当认清了自己后，再重新认识别人，自然也就能够有所觉悟。

---------- 小　测　试 ----------

测试你的嫉妒心

一天，在你和情人约会时，突然下起大雨来，雷电交加之际，附近有一棵树被雷击中。你认为被击中的会是哪一棵树？

A．森林中的树

B．耸立在山丘上的老枯木

C．池塘边上的一棵树

解析：

选A，妒火一触即发

击中森林，火苗可能会很快地蹿向其他树木，所以选择这个答案的人，往往会在嫉妒心升起时做出一些滋扰性的举动，如不停地打电话给对方又不作声。而且这类人很容易钻牛角尖，所以很易成为嫉妒的奴隶。因此，凡事最好在调查清楚事实的真相后再做打算，而不是遇到不顺就发火。

选B，报复心理极强

枯木容易令人想起死亡，选择这个答案的人，很容易将嫉妒转为憎恨，甚至对对方产生敌意。在不知不觉中，憎恨会越来越严重，到最后只想向对方报复。如果你是这样的人，最好尽快改变自己，提升自我，将怒气转化为正面的力量才是最佳解决方式。

选C，懂得理智反省

选择池塘边上那棵树的人，其嫉妒心不易膨胀。每当感到妒火上升时，他往往会先承认自己的失败，思考是不是自己的力量不足。经过一段时间的反省后，他会进一步学习，将嫉妒转化为提升自我的动力。

20 虚荣效应

虚荣的人不但不会得到尊重和推崇,反而会招致别人的反感和敌意。

虚荣心是以不适当的方式来保护自己自尊心的一种心理状态,是为了取得荣誉和引起普遍关注而表现出来的一种不正常的社会情感。简单地说,虚荣心就是扭曲了的自尊心。人之所以有虚荣心,这与人的需要有关。人类的需要有很多种,包括生理需要、安全需要、归属和爱的需要、尊重的需要、自我实现的需要等。

当一个人的需要超过了自己的担负能力时,就会想通过不适当的手段来达到自尊心的满足,这样就产生了虚荣心。虚荣者在虚荣心的驱使下,往往只追求面子上的好看,不顾及现实条件,最后造成危害。有时甚至产生犯罪动机,带来非常严重的后果。

虚荣者的内心其实是空虚的。他们表面的虚荣与内心的空虚总是不断地斗争:没有满足虚荣心之前,因为自己不如他人的现状而痛苦;满足虚荣心之后,又唯恐自己真相败露而受折磨。虚荣者的心灵总是痛苦的,很难有幸福可言。

我国古代有一则著名的寓言故事。齐国有一个人，他家里有一妻一妾。丈夫每次出门，必定是吃得饱饱地、喝得醉醺醺地回家。妻子问他一起吃喝的都是些什么人，他说全都是有钱有势的人。他的妻子告诉他的妾说："丈夫出门，总是酒醉饭饱地回来；问他和些什么人一道吃喝，据他说来全都是些有钱有势的人，但我们却从来没见到什么有钱有势的人物到家里面来过，我打算悄悄地看看他到底总去些什么地方。"

早上起来，她便尾随在丈夫的后面，走遍了全城，都没有看到一个人和她丈夫说过话。丈夫最后走到了东郊的墓地，向祭扫坟墓的人要些剩余的祭品吃，不够，又东张西望地到别处去乞讨——这就是他酒醉饭饱的办法。

回到家里，他的妻子告诉他的妾："丈夫是我们仰望和终身依靠的人，现在他竟然变成了这样！"二人在庭院中咒骂着、哭泣着，而丈夫还不知道，得意扬扬地从外面回来，在他的妻妾面前摆威风。

虚荣心不但危害自己，而且危害身边的人，它给人们带来的麻烦和苦恼是有目共睹的。所以，我们不能成为虚荣的奴隶。那么，如何摆脱虚荣的奴役呢？

首先，要树立崇高的理想。人应该追求内心的真实的美，不图虚名。很多人能在平凡的岗位上做出不平凡的成绩，就是因为有自己的理想的同时，做到了有自知之明。这就是说要能正确评价自己，既看到长处，又看到不足，时刻把实现理想作为主要的努力方向。

其次，要正确对待舆论。因为，虚荣心与自尊心是有联系的，自尊心又和周围的舆论密切相关。别人的议论、他人的优越条件，都不应当成为影响自己进步的外因，自尊心的塑造要依靠自己的努力。只有这样的自信和自强，才能使自己不被虚荣心驱使，成为一个高尚的人。

最后，培养脚踏实地、实事求是的思想作风也是十分必要的。过于虚荣的人往往都缺乏脚踏实地的思想作风和工作作风，情绪不稳，能满足虚荣心时就有很高的热情，一旦虚荣心得不到满足，情绪就会一落千丈。因此，要克服虚荣心，还要从实际出发，踏实工作，培养锻炼自己的真才实学和良好的心理素质。

小 测 试

测测你是否有虚荣心

1. 你经常停留在商店的橱窗前，悄悄欣赏自己的身影吗？

   A．是 B．否

2. 你曾经做过整形手术吗？

   A．是 B．否

3. 你曾经动过整形的念头吗？

   A．是 B．否

4. 你会定期花钱保养你的指甲吗？

   A．是 B．否

5. 你喜欢欣赏自己的照片吗？

   A．是 B．否

6. 度假回来时，你会向别人展示纪念品吗？

   A．是 B．否

7. 你很注重衣着打扮吗？

   A．是 B．否

8. 你每天梳头超过三次吗?

A. 是 B. 否

9. 你喜欢戴很多饰品吗?

A. 是 B. 否

10. 你偏爱名牌手提包吗?

A. 是 B. 否

11. 你偏爱名牌衣服吗?

A. 是 B. 否

12. 跟一个衣着邋遢的朋友走在路上,你会觉得尴尬吗?

A. 是 B. 否

13. 你希望自己拥有一些头衔吗?

A. 是 B. 否

14. 你花在打扮和保养上的费用超过预算吗?

A. 是 B. 否

15. 你喜欢照相吗?

A. 是 B. 否

解析:(回答"是"得1分,回答"否"得0分)

0～3分:这类人几乎没什么虚荣心。即使有人觉得他很邋遢,他也不在乎,而是宁愿把注意力放在自己认为重要的事情上,也不愿花许多时间和金钱在外表上。

4～9分:这类人有点儿虚荣心,还好,不算很严重。他们也许只是比较在意自己的外表和给他人的印象,仍觉得人生还有别的事比外表更重要。

10～15分:这类人虚荣心比较强。他对自己的外表非常在意,在他人面前,无时无刻不在注意自己的仪容,因为他希望自己永远留给别人最佳的印象。

21 紧张效应

把自己的心灵之弦拉得太紧,势必会使生命的音乐失色。活得坦然一点儿,心灵之弦才能奏出动人的音乐。

紧张情绪是人们精神活动的一种现象,是一种高度调动人体内部潜力以应对压力而出现的生理和心理上的应激变化。适度的紧张有助于人们激发内在潜力,但过度紧张则会影响人们的身心健康。

杨璐是一个性格内向的人。她一见领导就紧张,做事也不能像平常那样得心应手,更严重的是手还会发抖。比如,她正在做实验,本来平时是很轻松的一件事,但是只要领导在她面前,她就会不由自主地紧张起来,手也开始发抖。她连滴三滴指示剂的基本动作也做不好,不是滴不出来,就是多滴好几滴。这样的事情经常发生,使她很沮丧,领导也认为她的工作能力有问题。但是只要领导不在她旁边,她就能很轻松自如地完成任务。

像杨璐这样就是心理紧张的表现。心理学家认为,紧张是一种有效的反应方式,是应对外界刺激和困难的一种准备。有了这种准备,便可产生应对万千变化的力量。紧张的情绪也可升华,转用于学习或工作中。

当情绪突然紧张起来时，往往精力特别集中，有可能把事情做得更好。而随着任务的顺利完成，内在的紧张也得以渐渐消失。因此，紧张并不全是坏事。然而，持续的紧张状态，则会严重扰乱机体内部的平衡，并导致疾病。所以我们应该学会自我消除紧张情绪。

那么，怎样才能克服不良情绪，消除紧张呢？

首先，在紧张的工作、学习之余，可以进行各种娱乐活动，调节自己的生活，松弛紧张的状态。如果在工作、学习中遇到难题或必须完成的紧急任务，应该稳住自己的情绪，不必紧张，也不要急于求成，以免乱了方寸。要相信自己有能力，并冷静地对困难做分析，制订出必要的应对方案。

其次，可以做一些松弛性的自我暗示："事情再难、再急，也必须一步步去做，焦急、紧张是无济于事的，一定能闯过难关，完成任务！"这样紧张感会被驱散，而排解难题或完成任务时，成功又会成为良性刺激，使人的心理得以进一步松弛。

最后，在与别人交往时，应真诚坦荡，与人为善。虚伪不仅使人厌烦，而且自己也会因此而有不安全感。例如，不自觉地猜想别人会不会得知真相，猜想别人是否在背后议论自己，并为此惶惶不安，导致关系紧张。另外，还要对别人礼貌，如果你对别人恭恭敬敬，别人便会对你以礼相待，这样有助于缓解精神的紧张。有时，一声"谢谢"、一个微笑或一次过路时的礼让，都能使你感到受人欢迎。记住，别人对待你的态度在一定程度上也反映了你的形象。

小 测 试

测测你的紧张指数有多高

回想一下自己的童年,在公园的游乐场中,你最喜欢玩以下哪一种游乐设施呢?

A．秋千或摇椅

B．滑梯

C．跷跷板

D．单杠或爬杆

解析:

选A."秋千或摇椅":紧张指数70分

这类人有点儿神经质,凡事都很敏感,当有事发生时,神经会变得比较紧绷,脑中所想的都是如何面对及解决事情,甚至会想得太过深远,可以说是到了"过度紧张"的地步。

选B."滑梯":紧张指数50分

这类人比较有耐心,一贯以稳扎稳打的态度来面对事情,即使心里有些紧张,旁人也很少会感觉到,因为他仍会让自己保持在正常的状态下。

选C."跷跷板":紧张指数30分

这类人有点儿"慢半拍",碰到事情非但不紧张,反而有些迟钝。所以他当然不会是那个"紧张大师",反倒是周遭的人会替他紧张。因为他那不紧不慢的态度,让大家"皇帝不急,太监急"。

选D."单杠或爬杆":紧张指数80分

这类人有过人的精力,会迫不及待地让自己做很多事。他往往无法忍受手上还有未完成的事搁着,想要将每件事都飞快地完成,常会把气氛搞得紧张兮兮。

22 浮躁效应

浮躁的人永远飘在空中，不能够脚踏实地，就像断了线的风筝一样。只有务实一点儿，才能在泥土中扎根。

浮躁是一种冲动性、情绪性、盲动性相交织的社会心理，它与艰苦创业、脚踏实地、励精图治、公平竞争是相对立的。在这个瞬息万变的物质世界中，其实人人都可能有过浮躁的心理，当浮躁使人失去自我的准确定位，使人随波逐流、盲目行动时，就会给家人、朋友甚至社会带来一定的危害。

生活中，如果我们想取得长久、稳定的成功，就必须静下心来，摆脱速成心理的牵制，看清人生最根本的目的，一步一个脚印地走下去。只有这样，才能达到自己的目标，最终走上成功的道路。

在现实生活中，也常有人犯浮躁的毛病。他们做事往往既无准备，又无计划，只凭脑子一热、兴头一来就动手去干。他们不是循序渐进地稳步向前，而是恨不得一锹挖成一眼井、一口吃成个胖子。结果呢，必定会事与愿违，欲速则不达。

比如有些人，他们看到一部文学作品在社会上引起强烈反响，就想学习文学创作；看到计算机专业在科研中应用广泛，就想学习计算机技术；看到外语在对外交往中起重要作用，又想学习外语……由于他们对学习的长期性、艰巨性缺乏应有的认识和思想准备，只想"速成"，一旦遇到困难，便失去信心，打退堂鼓，最后哪一项技能也没学成。这种情况与明代诗人边贡《赠尚子》一诗里的描述非常相似："少年学书复学剑，老大蹉跎双鬓白。"有的年轻人刚要坐下学习书本知识，又想去学习剑术。如此浮躁，时光匆匆溜走，到头来只落得个白发苍苍。

古人云："锲而不舍，金石可镂。锲而舍之，朽木不折。"成功人士之所以成功的重要秘诀就在于，他们将全部的精力、心力放在同一目标上。许多人虽然很聪明，但心存浮躁，做事不专一，缺乏意志和恒心，到头来只能是一事无成。

你越是浮躁，在错误的思路中就会陷得越深，也越难摆脱痛苦。

古代有一个年轻人想学剑法。于是，他找到一位当时武术界非常有名气的老者拜师学艺。老者把一套剑法传授给他，并叮嘱他要刻苦练习。一天，年轻人问老者："我照这样练习，需要多久才能够成功呢？"老者答："三个月。"年轻人又问："我晚上不睡觉，把时间用来练习，需要多久才能够成功？"老者答："三年。"年轻人吃了一惊，继续问道："如果我白天黑夜都用来练剑，吃饭走路也想着练剑，又需要多久才能成功？"老者微微笑道："三十年。"年轻人愕然……

年轻人练剑如此，我们生活中要做的许多事情也如此。切勿浮躁，不能急于求成，遇事除了要用心用力去做，还应顺其自然，才能够成功。

浮躁不但影响学习和事业，而且影响人际关系和身心健康，应该力戒浮躁。那么，怎样才能摆脱浮躁的状态呢？

众所周知，轻浮急躁和稳重冷静是相对的，因此，力戒浮躁必须培养稳重的气质和精神。稳重冷静是一个人的思想修养、精神状态良好的标志。在生活节奏快速的今天，一个人只有保持冷静的心态才能沉下心去思考问题，才能在纷繁复杂的大千世界中站得高、看得远。诸葛亮所言"非宁静无以致远"说的就是这个道理。心情浮躁的人如若能把"宁静以致远"作为自己的座右铭，并凡事遵循，定会克服浮躁的缺点。

小 故 事

蝴蝶破蛹而出的故事

有一个小朋友，他很喜欢研究生物学，很想知道那些蝴蝶如何从蛹壳里飞出来，变成蝴蝶。

有一次，他在草原上看见一个蛹，便带回了家。几天以后，这个蛹上出现了一条裂缝，他看见里面的蝴蝶开始挣扎，想挣破蛹壳飞出来。

这个过程达数小时之久，蝴蝶在蛹里面很辛苦地拼命挣扎，怎么也没法子出来。这个小孩不忍心，就想，不如帮帮它吧，便随手拿起剪刀剪开了蛹，使蝴蝶破蛹而出。

但蝴蝶出来以后，因为翅膀力量不够，变得很臃肿，飞不起来。

这只蝴蝶以后再也飞不起来了，只能在地上爬，因为它没有经历将蛹挣开，自己飞出去的这个过程。

23 恐惧效应

鼓起勇气经常去做令自己害怕的事情，你就会发现自己的恐惧感在磨炼中消失了。

恐惧，是人类及所有生物都有的一种心理活动状态，是情绪的一种。从心理学的角度来讲，恐惧是一种有机体企图摆脱、逃避某种情景而又无能为力的情绪体验。其本质表现是生物体生理组织剧烈收缩，组织密度急剧增大，能量急剧释放，因受到威胁而产生并伴随着逃避愿望的情绪反应。

杨某是一位25岁的男青年，他在夜间无论如何都不敢走进室内的卫生间。白天他无所谓，但一到晚上就控制不住地感到恐惧，他自己也承认这种恐惧毫无道理。后来他甚至发展到不敢关灯睡觉，即使跟别人同住也要开灯的程度。一关灯，他就吓得哇哇大叫。一次，父亲强迫他在夜里去卫生间，他竟晕倒在客厅里。经过询问，大家才知道原因所在。

原来在幼年时，一次他在乡下奶奶家，听邻居小朋友讲了一个有关鬼怪的故事，说有一位巨人，专吃10岁以下孩子的心，喝他们的血，挖他们的眼。他听完故事后恐惧不安地蹒跚回家。当时天色已晚，只有些许星光。虽然离家很近，但要路过一条荒僻的小路。他内心正惊恐着，突然发现一个巨人向他走来。他顿时两腿发软，晕倒在地。实际上，他所遇见的是一个普通农民，农民由城内归来，背着的箩筐在黑暗中显得特别巨大，加上这位农民喝了几杯酒，步履跟跄，看起来更像一个张牙舞爪的巨人。他的晕倒并未惊动这位农民，他在地上昏睡了足足半个小时，才被家人发觉并抱回家。但从此他对黑暗产生了极大的恐惧，导致以后在夜晚不敢进黑暗的卫生间，不敢关灯睡觉。

开灯睡眠是指在夜晚睡觉时必须开灯，且在睡眠状态下也不能熄灯，形成了对灯光的依赖。开灯睡眠是一种不良习惯，其实质是对黑暗的恐惧。这种对黑暗的恐惧多半是从幼年时期开始的。因为在此期间，孩子们最爱听有关鬼神的故事。而这类故事的背景、内容及人物的出现，又常常是在晚间或平常人所看不到的黑暗中，以显示生动性和神秘性。久而久之，他们便将对妖魔鬼怪的恐惧与黑暗连在一起，形成了对灯光的依赖，导致不敢关灯睡觉。这是开灯睡眠的一个主要原因。还有就是在某一黑暗的情境中意外遭遇到可怕的事情，或在黑夜做了一个噩梦，这些恐惧的经历未能及时排遣，也可能造成对黑暗的恐惧。

恐惧症给人们的正常生活带来了很多不利的影响，那么，怎样才能摆脱恐惧呢？

首先，面对令自己恐惧的事情，应该增强自己的意志锻炼，即保持镇静并面对现实。具体来说，就是尽量训练自己在面对引起恐惧的事物时保持镇静，先不要自己吓自己。

其次，了解自己遇到某些情境会产生恐惧的毛病，这并不是什么羞耻的事。能够接受现实，并充分发挥自己的主观能动性，积极主动地面对现实，恐惧心理往往会得以消除。

最后，应该用科学知识武装自己的头脑，面对恐惧的事物能加以科学分析，或者把自己的恐惧心理说出来。这样你会很快发现，原来自己的提心吊胆是如此多余，所恐惧的东西是杯弓蛇影，不足为惧，困境也就迎刃而解。可见，明白所惧事物的真相非常重要。

恐惧的产生、发展和消退是完全遵循客观规律的，绝不可能被平白无故地一下子抹杀掉。因此，我们不要只凭一厢情愿就盲目急躁地硬性控制我们的错误心理和举动，其实这样做在客观上起到了使恐惧心理继续增强的暗示作用。

顺其自然，带着这种恐惧感去实践，从小事做起，从身边事做起，该做什么就去做什么，不要总想着令你恐惧的情景，你就会逐渐脱离恐惧。

小 测 试

测测你是否患上了恐惧症

1. 经常想到亲人会有不幸？
2. 有时担心会给自己或所爱的人带来伤害？
3. 经常检查灯和水龙头关好没有？
4. 在人群中受到推搡会觉得反感？
5. 有洁癖？经常反复多次地清洗衣服和家具？是否总是洗手？
6. 是否总是对自己和自己所做的事不满意，尽管已经努力想做好？
7. 是否总是想尽早离开有可能使你遭遇尴尬的地方？
8. 是否能轻易做出困难的决定？

9．是否觉得有做某种多余事的必要？

10．经常觉得身上的衣服有些不对劲？

11．有过回家检查门窗是否关好的情况吗？

12．总是舍不得扔掉已没用的旧东西？

13．是否总是不由自主地想事情？

14．是否有过经常重复说同一句话，或数没必要数的东西的时候？

15．睡觉前会把衣服整齐地码放好吗？

16．是否在做一些不重要的事时也很认真？

17．用完的东西是否必须放在同一个地方？

18．会经常做一些无足轻重的动作吗？

解析：

从回答"是"的数量多少看恐惧情绪的程度。

5个以下：说明跟恐惧情绪沾不上边。

5～10个：说明处于轻度恐惧情绪。

11～15个：说明处于中度恐惧情绪。

15个以上：这种人就值得引起注意了，消除恐惧情绪已经迫在眉睫，快快行动起来吧！

24 心理暗示效应

坚持进行心理上积极的自我暗示，对于个人获得成功是非常重要的。

心理暗示，是指在无对抗的条件下，通过语言、行动、表情或某种特殊符号，对他人的心理和行为产生影响，使他人接受暗示者的某一观点、意见，或者按照被暗示的方式活动的一种过程。

心理暗示在日常生活中随时随地都可以看到，它是用含蓄、间接的方法对人的心理状态产生迅速影响的过程，它用一种提示，让我们在不知不觉中接受影响。比如，课堂上，一个人打哈欠，许多人往往会跟着打哈欠；有人咳嗽，自己的喉咙也会发痒；看见别人奔跑，自己也不知不觉地动起脚来。

暗示分自我暗示与他人暗示两种：

1. 自我暗示

自我暗示是指自己接受某种观念，对自己的心理施加某种影响，使情绪与意志发生作用。

例如，有的人早晨在上班前或出去办事前照照镜子、整整衣服、理理头发，就觉得自己很精神。有的人从镜子里看到自己脸色不太好看，并且觉得上眼皮水肿，恰巧昨晚睡眠又不好，这时马上会有不快的感觉，顿时怀疑自己得了肾病，继而感到全身无力、腰痛，于是觉得自己不能上班了，甚至到医院就医。这就是对健康不利的消极自我暗示的作用。

而有的人则不是这样，当在镜子里看到自己脸色不好，由于睡眠不好而精神有些不振、眼圈发黑时，马上用理智控制自己的紧张情绪，并且暗示自己：到户外活动活动，做做操，练练太极拳，呼吸一下新鲜空气就会好的，于是就会精神振作起来，高高兴兴地去工作了。这种积极的自我暗示，有利于身心健康。

2．他人暗示

他人暗示是指被暗示者从别人那里接受了某种观念，使这种观念在其意识和潜意识里发生作用，并使它实现于动作或行为之中。

比如有些重症病人到医院看病，由于病情严重，医生不能直言病情，而是告诉他"问题不大，只要按时服药就可以"。在医生的这种心理暗示下，病人一下子就觉得身体不是那么不舒服了。有时还会听到别的病人讲："这个医生医术很高明，治愈这种病特别有办法。我去年比你严重多了，现在都快好了。"这些人的暗示，再加上病人自身的自我暗示"我真幸运，看来这个病很快就会好了"，很多时候往往能和医生的治疗一道发挥作用，对病人的病情好转非常有利。

暗示作为一种心理疗法，是有一定科学基础的。暗示对一些心因性疾病有一定的疗效，如口吃、厌食、哮喘、高血压、心跳过速、神经性头痛、植物神经紊乱和更年期综合征等。

积极正确的暗示疗法，通过调节人的神经内分泌，可以促进脑中有益的激素分泌，增强人的身体健康。而消极的心理暗示，不仅不能医治疾病，反而会使受暗示者产生心理障碍，严重的甚至会出现幻听和幻视。

在生活中，我们要多运用积极、恰当的心理暗示，使人的生理功能发生良性改变，消减疾病症状，达到强身健体的目的。

在生活中，有许多利用积极心理暗示的例子。比如困难临头时，人们会相互安慰"快过去了，快过去了"，从而减轻忍耐的痛苦。人们在追求成功时，会设想目标实现时非常美好、激动人心的情景。这个美景就对人构成一种暗示，它为人们提供动力，提高挫折耐受能力，使人们保持积极向上的精神状态。

如果你想美好的事情，美好的心态就跟着来；如果你想邪恶的事，邪恶的心态就会跟着来；你整天想什么，你就是什么样。只要你的意识下命令，你的潜意识就不会和你争辩，它会完全接受这个命令，像个无知的小孩，听不懂"玩笑"话。所以，你永远不能说"我不行""干不好""我会失败"等话。

其实，我们不必等待别人给予我们积极的心理暗示，我们自己就可以给自己很多这样的暗示。许多成功人士提到，人要有积极的心态，要善于自我激励。如果你常对自己说："我能行，我是最好的！"就能调动起很大的能量，这就是积极自我暗示所起的作用。

小 故 事

望梅止渴

东汉末年，曹操带兵去攻打张绣，军队一路行军，已经走了很多天了，士兵们十分疲乏。时值盛夏，太阳火辣辣地挂在空中，散发着巨大的热量，大地都快被烤焦了。大家都口干舌燥，喉咙里像着了火似的，许多人的嘴唇都干裂得不成样子，鲜血直淌。每走几里路，就有人中暑倒下甚至死去。

　　曹操目睹这样的情景，心里非常焦急。他盘算：这下子可糟糕了，找不到水，这么耗下去，不但会贻误战机，而且会有不少的人马要损失在这里。想个什么办法来鼓舞士气，激励大家走出干旱地带呢？

　　曹操想了又想，突然他灵机一动，脑子里蹦出个好点子。他站在山冈上，抽出令旗指向前方，大声喊道："前面不远的地方有一大片梅林，结满了又酸又甜的梅子，大家再坚持一下，走到那里吃到梅子就能解渴了！"

　　战士们听了曹操的话，想起梅子的酸味，就好像真的吃到了梅子一样，口里顿时生出了不少口水，精神也振作起来，鼓足力气加紧向前赶去。就这样，曹操终于率领军队走到了有水的地方。

25 心理平衡效应

现实生活中,不如意之事十有八九。如果不能泰然处之,很容易引起心理不平衡,导致身体和精神上的疾病。

当今社会是适者生存的社会,是高效率、快节奏、充满竞争与挑战,且瞬息万变的社会。在这样的形势下,造成人们心理失衡的原因有很多,生活观念的更新、家庭观念淡薄等,都会使人们走进失落的世界。因此,一个人能保持心理平衡,使自己的心理处于健康而良好的状态,就显得非常重要了。

杨亮是一个性格内向的年轻人,他曾经有过好几次过激行为,幸亏被人们及时阻拦。在他读高二的时候,由于家里穷,他提前辍了学,开始了在某零件厂做工人的生涯。看到同龄的孩子都在无忧无虑地读书,杨亮的心情日渐压抑沉重,并开始沉迷网络。网络世界的多姿多彩与现实中的单调乏味对立得越严重,杨亮的心态就越失衡,他觉得"生活太平淡了,活着一点儿意思都没有"!

在"不平衡"面前,有的人不加以分析,便火冒三丈,唇枪舌剑,换来的却是赌气"出走";而有的人,在短短的几分钟内便将愤懑化解为冷静，重新对自身的问题进行思考。对待"不平衡"的两种处理方式不同，结果自然也是不同的。前者只能在人生道路上一次次地愤怒、挫败、出走……而后者往往可以在心态平衡的基础上实现自我，不断上进。

那种心态容易"不平衡"的人，常常看到自己身上的光环，却忽视了自身的缺点。而善于调整心态的人，则有强烈的反省意识，善于总结经验教训，朝着心中的目标不断努力。面对生活，我们必须掌握在逆境中平衡心态的本领，培养自己面对艰辛顽强拼搏的精神。学会化解生活中的那些痛苦，悟出人生的真谛，坚信自己是块金子。

其实，心理失衡只不过是一种主观臆想，并不是现实存在。"吃醋"心理就是心理失衡的一种表现。"吃醋"心理往往源于对自己的不自信，真正的强者具有宽容的个性，一些人正是由于缺乏自信，才会把自尊完全建立在别人的评价和认可上，所以才会忍受不了别人比自己强。那么，对于不平衡心理，又该如何进行自我调适呢？

首先，需要调整自己的认知。在肯定别人优点的同时，也要肯定自己的长处，"你好、我好、大家好"，学会自我欣赏，也需要因势利导，将破坏性的"吃醋"心理转化成建设性的鞭策自己前进的动力。

其次，要有切合实际的抱负。有些人的抱负不切实际，以自己的能力达不到，欲求而不得，便会认为自己无才无能而终日忧郁；有些人做事要求十全十美，对自己的要求近乎吹毛求疵，结果，受害者还是自己。为了消除挫折感，则应把目标定在自己的能力范围之内，稍有需要努力的余地，不努力达不到，尽心尽力则能够超越目标，心情自然就会舒畅了。

最后，要适当变换环境。一个人在缺乏竞争的环境里容易滋生惰性，不求有功但求无过，过于安逸的环境反而更易引发心理失衡。而换一个新的环境，接受具有挑战性的工作、生活，可激发人的潜能与活力，通过变换环境进而变换心境，使自己始终保持健康向上的心态，避免心理失衡。

小 知 识
心理失衡的表现

心理失衡的表现有很多，最突出的就是嫉妒别人。调查显示，在各年龄段的人群中，嫉妒心理都是普遍存在的。

美国心理学家斯坦贝格经研究发现，嫉妒感最早可能出现在婴儿期。有的不足周岁的婴儿当看到母亲在给其他婴儿哺乳时，也会出现心率加快、面色潮红等不安反应，甚至哭闹起来。而在成年人的世界中，诸如嫉妒同事得到领导赏识，嫉妒配偶有异性知己，嫉妒别人的地位、学识和财富等现象，比比皆是。

在这种心理不平衡的支配之下，有的人选择了压抑自己的情绪，郁郁寡欢，甚至积怨成疾；有的人通过抽烟、喝闷酒、大量进食等方式来排遣情绪；还有人通过虐待小动物等变态的方式来发泄内心的情绪；更有甚者，会通过打击报复甚至暴力犯罪的方式来获得心理的补偿与"平衡"，这是非常可悲的。

26 逆反效应

具有逆反性格的人需要明白的是,即使颠覆的过程是快乐的,其结果却往往是痛苦的。

逆反心理是指人们彼此之间为了维护自尊,而对对方的要求采取相反的态度和言行的一种心理状态。著名心理学家普拉图诺夫在《趣味心理学》一书的前言中,特意提醒读者请勿先阅读第八章第五节的故事。大多数读者却采取了与告诫相反的态度,首先翻看了第八章第五节的内容,这就是逆反效应的一种表现。

逆反效应在人成长过程中的不同阶段都可能发生,且有多种表现。运用逆反效应可以解释生活中的很多现象。如有的人对正面宣传做不认同、不信任的反向思考;无端怀疑先进人物、榜样,甚至采取根本否定的态度;对不良倾向持认同感,大喝其彩;蔑视思想教育及守则、纪律,甚至故意与之对抗,等等。具有这些逆反行为的人大多都有一定的逆反心理。

在一些青少年当中,打架斗殴被看作有胆量的行为,与老师、领导公开对抗被视为有本事,"哥们义气"等不良的行为倾向却赢得了很多人的认同。而乐于助人、爱护集体、爱护公物、遵守校纪校规的青少年则被肆意讽刺、挖苦，造成在集体氛围里好人好事无人夸、不良倾向有市场、正不压邪的局面。

这种在特定条件下，言行与当事人的主观愿望相反，产生了与常态性质相悖的逆向反应是逆反效应的典型表现。一旦这种心态形成了心理定式，就会对人的性格产生极大的影响，经常性地左右一个人的一举一动，成为一个人言行举止的基本特征。

逆反效应发生的根本原因是逆反心理的出现。逆反心理对人们的危害很大。具有逆反心理者虽然看似对许多事情都毫不在乎，实际上他们内心是痛苦和不安的。他们常把自己摆在与别人对立的位置上，这样做不利于人际关系的发展，心理上难免有孤独、寂寞之感，长久下去对身心健康有不利影响。

逆反心理使人无法客观地、准确地认识事物的本来面目，而采取错误的方法和途径去解决所面临的问题。逆反心理经常性地、反复地出现，就会构成一种狭隘的心理定式，无论何时何地都与常理背道而驰。逆反心理往往是孤陋寡闻、妄自尊大、偏激和头脑简单的产物。

那么，怎样才能克服逆反心理，从而避免逆反效应的发生呢？

首先，提高文化素质、增长见识是克服逆反心理的基础。一个对生活有着广博知识的人，凭直觉就能认识到逆反心理的荒谬之处，从而采用一种更科学、更宽容的思维方式；广闻博见能使人避免固执和偏激，而逆反心理则会使人在最终认识真理之前走许多弯路，当他们醒悟过来时往往太迟了。

其次，对怀有逆反心理的人来说，努力培养起自己的想象力是十分有必要的，想象力有助于一个人开阔思路，从偏执的习惯中超脱出来。宽容的思维方式和想象力可以通过自我不断地训练培养来获得，它能激发出人们的创造力。

最后，培养多向思维。逆反心理之所以存在，往往是因为人们缺乏多方面认识事物的思维方式。遇事容易钻牛角尖，就会做出与常理相悖的事情。如果我们学会从事物的主要方面去认识问题，善于站在不同的立场去分析问题，就会发现，事情并不像我们想象的那么简单，也不像我们想象的那样复杂，只要冷静下来就会找到解决问题的最好方法。

---------- 小 测 试 ----------

测测你的逆反程度

1. 平时，我很尊重父母的意见。

   A. 完全符合（4分）　　B. 有些符合（3分）

   C. 有些不符合（2分）　D. 完全不符合（1分）

2. 我总是我行我素，不理会父母的态度。

   A. 完全符合（1分）　　B. 有些符合（2分）

   C. 有些不符合（3分）　D. 完全不符合（4分）

3. 父母能理解我的真正想法。

   A. 完全符合（4分）　　B. 有些符合（3分）

   C. 有些不符合（2分）　D. 完全不符合（1分）

4. 我觉得父母干涉我所做的每一件事。

   A. 完全符合（1分）　　B. 有些符合（2分）

   C. 有些不符合（3分）　D. 完全不符合（4分）

5. 父母不允许我做一些事，是因为他们怕我会出事。

A. 完全符合（4分）　　B. 有些符合（3分）

C. 有些不符合（2分）　D. 完全不符合（1分）

6. 我总是能找到合适的方法来和父母沟通。

A. 完全符合（4分）　　B. 有些符合（3分）

C. 有些不符合（2分）　D. 完全不符合（1分）

7. 我从来不会很痛快地按照父母的意见去做事。

A. 完全符合（1分）　　B. 有些符合（2分）

C. 有些不符合（3分）　D. 完全不符合（4分）

解析：

得分越低，说明逆反心理越严重。你的分数：

A. 小于14分：逆反心理严重

B. 15~25分：逆反心理程度一般

C. 大于25分：逆反心理很轻

27 布里丹毛驴效应

> 如果一个人永远徘徊于两件事之间，对自己先做哪一件事犹豫不决，他将会一件事情都做不成。

布里丹是巴黎一所大学的教授，他为人所知主要是因为他证明了：在两个相反而又完全平衡的推力下，要随意行动是不可能的。他举的实例就是一头驴在两捆等质等量的草之间的选择问题。

故事大概是这样的。

法国哲学家布里丹养了一头小毛驴，他每天向附近的农民买一捆草料来喂它。

有一天，送草的农民出于对哲学家的景仰，额外多送了一捆草料。这下子，毛驴站在两捆数量相等、质量相同，并且与它距离完全相等的干草之间为难坏了。它虽然享有充分的选择自由，但由于两捆干草价值相等，客观上无法分辨优劣，于是它左看看、右瞅瞅，始终无法分清究竟选择哪一捆好。

于是，这头可怜的毛驴就这样站在原地，一会儿考虑数量，一会儿考虑质量，犹犹豫豫，来来回回，在无所适从中活活地饿死了。

我们在生活中也经常面临着种种抉择，如何选择对人生的成败得失关系极大。因为人们都希望得到最佳的结果，所以常常在抉择之前反复权衡利弊，仔细斟酌，甚至犹豫不决、举棋不定。但是，在很多情况下，机会稍纵即逝，并没有留下足够的时间让我们去反复思考，反而要求我们当机立断，迅速决策。如果我们犹豫不决，就会两手空空，一无所获。

有人把决策过程中这种犹豫不定、迟疑不决的现象称为"布里丹毛驴效应"。习惯于犹豫的人，在比较重要的事件面前，会因为不能及时决断而错失良机。有些素质、人品及机遇都很好的人，就因为犹豫的性格，一生都被耽误了。

一个人永远不要在冥思苦想中，一会儿提出问题的这一方面，一会儿又提出问题的那一方面。试图面面俱到、万事平衡的人总是做出无益而琐碎的分析，却难以抓住事物的本质。时机是不等人的，"流光容易把人抛，红了樱桃，绿了芭蕉"。其实人生很多时候，只有及时抓住机遇，竭尽所能地去努力，才能取得成功。正所谓"花开堪折直须折，莫待无花空折枝"，如若失去良机，就会后悔莫及。

主意不定和优柔寡断的人不会是有毅力的人。这种性格上的弱点，可以摧毁一个人的自信心，也可以破坏一个人的判断力，并大大有害于他的精神与能力。

那么，如何才能避免布里丹毛驴效应呢？

首先，要严格执行一种决策纪律。有的人明明事先已经制定了能有效抵御风险的决策纪律，但是一旦现实中的风险波及自身利益时，就难以下决心执行了。很多股民在处于有利状态时会因为赚多赚少的问题而犹豫不决；在处于不利状态时，虽然有事先制定好的止损标准，可常常因为犹豫而最终使自己被套牢。

其次，不要总是试图获取最大利益。过高的目标非但起不到指示方向的作用，反而会带来心理压力，束缚决策水平的正常发挥。如果没有良好的决策水平，一味地追求最高利益，势必将处处碰壁。

最后，要注意在不利的环境中不要逆势而动。当不利环境造成损失时，很多人急于弥补损失。但是，环境的变化是不以人的意志为转移的。当环境变差、机会变少的时候，如果强行采取冒险和激进的决策，或频繁地改变主意、增加操作次数，只会白白增加决策或投资失误的概率。

小 故 事
兄弟俩的争执

从前，有兄弟两人看见天空中有一只大雁在飞，哥哥准备把大雁射下来，说："等我们把大雁射下来就煮着吃，一定会很香的！"这时，他的弟弟抓住他的胳膊争执起来："鹅煮着吃才会好吃，大雁要烤着吃才好吃，你真不懂吃的学问。"哥哥已经把弓举起来，听到这里又把弓放下，为怎么吃这只大雁而犹豫起来。

就在这时，有一位老农从旁边经过，于是他们就向老农请教。老农听了以后笑了笑，说："你们把雁切开，煮一半烤一半，自己尝一尝不就知道哪一种做法更好吃了？"

哥哥大喜，可当他拿起弓箭再回头要射大雁时，大雁早已无影无踪了，连一根雁毛都没有留下。

28 酸葡萄效应

酸葡萄效应是心理防卫功能的一种，但过多地应用这种效应就会产生很多副作用。

酸葡萄效应是指，当个人的行为不符合社会价值标准或未达到所追求的目标时，人为了减少或免除因挫折而产生的焦虑，保持自尊，往往会给自己不合理的行为做出一种合理的解释，使自己能够接受现实。

葡萄架上，绿叶成荫，挂着一串串沉甸甸的葡萄，紫的像玛瑙，绿的像翡翠，上面还有一层薄薄的霜。望着这熟透了的葡萄，谁不想摘一串尝尝呢？从早上到现在，狐狸一点儿东西都没吃，肚皮早饿得瘪瘪的了。它走到葡萄架下，看着这诱人的熟葡萄，口水都流出来了。可葡萄太高了，够不着，怎么办？对，跳起来不就行了吗？狐狸向后退了几步，憋足了劲，猛然跳起来。可惜，只差半尺就能够着了。

再来一次。可是越试越不行，差得更多，起码有一尺的距离。还跳第三次吗？狐狸饿得实在没劲儿，跳不动了。一阵风吹来，葡萄的绿叶"沙沙"作响，飘下来一片枯叶。狐狸想：要是掉下一串葡萄来就好了。它仰着脖子，等了一阵，毫无希望，那几串葡萄挂在架上，看起来牢固得很。"唉！"狐狸叹了口气。忽然，它笑了起来，安慰自己说："那葡萄是生的，又酸又涩，吃到嘴里难受死了，不吐才怪呢。哼，这种酸葡萄，送给我也不吃。"于是，狐狸饿着肚皮，高高兴兴地走了。

这则寓言故事说明了人们在日常生活中的一种心理现象。当工作、学习和交际过程中遇到困难和阻力时，人的内心往往会自觉或不自觉地产生一种解脱紧张状态、恢复情绪平衡与稳定的适应性倾向。就像寓言中的狐狸那样，对于得不到的东西就贬损它，以平衡自己的心态。这是人的一种自我保护的心理功能，在心理学上称为"酸葡萄效应"。即拿自己能够接受的、不是理由的"理由"来自圆其说、自我安慰，以避免心理上受到更严重的伤害，也就是通常人们所谓的"阿Q精神"。

生活中，我们不乏那只狐狸的境遇与心态，当遇到挫折时，就找理由丑化求而不得的东西。比如某学生没有考上自己梦寐以求的名牌大学，只考取了一所普通的大学，就在心里说："没考上名牌大学也好，那里竞争激烈，说不定要拼命学习才能跟上，而在普通的大学学习，说不定我轻轻松松地读书就可名列前茅。"又如一名普通员工在竞争部门经理一职中落选了，心里有失落感，闷闷不乐，后来忽然他想："职务越高，职责越重，当个平民百姓可以逍遥自在，还可以有更多的时间钻研业务。"这样一来，他的情绪很快恢复了常态，不再烦恼了。

人之所以有酸葡萄心理，是因为自己真正的需求无法得到满足而产生了挫折感。为了消除内心的不安，就编造一些"理由"进行自我安慰，以消除紧张，减轻压力，使自己从不满、不安等消极状态中解脱出来，保护自己免受伤害。类似的合理化的自我安慰，是人类心理防卫功能的一种。

心理防卫功能的确能够帮助我们更好地适应生活、适应社会，然而沉溺其间对心理和生活都有明显的副作用。比如鲁迅先生笔下的阿Q，总是寻找理由为其受到的侮辱或遇到的不公平待遇开脱，这就活得太窝囊了。

在现实生活中，这种酸葡萄效应可以解释很多现象。例如，在学校中，某位同学考试得了高分或是有一个漂亮的女朋友，而你却什么也没有，你就难免会有这种酸葡萄心理。这其中还有嫉妒心在起作用。其实这种心理是不必要的，因为老天对每一个人都是公平的，有得必有失，鱼与熊掌是不可兼得的。

每个人都有自己的优点和不足，你大可不必拿别人的优点来比对自己的不足，有时拿自己的优势与他人的不足比也是可以的。这并不是对他人的轻视，而是对自己的肯定，给自己一个无须艳羡别人的理由！"天生我材必有用。"是金子总会发光的，没必要一味地去跟别人比。要记住：你是你，别人是别人，你永远都不会变成他人。

---------- 小 知 识 ----------
甜柠檬效应

与酸葡萄效应相对的是甜柠檬效应。

狐狸想找些可口的食物，但只找到一颗酸柠檬，它却说："这颗柠檬是甜的，正是我想吃的。"其实狐狸明明知道柠檬熟透了才甜，而手上这颗是青皮的，它为了安慰自己、给自己一点儿满足感，就说自己的这颗柠檬味道一定很好，会特别甜。何况有柠檬总比没有的好。

这种只能得到柠檬就说柠檬甜的自我安慰现象被称为"甜柠檬效应"，

它能变恶性刺激为良性刺激，使人免去苦恼与痛苦，与"阿Q精神"颇有相似之处。

职场上，总存在着种种不如意；企业的发展也并非想象中的一帆风顺……在遭遇这些情况时，甜柠檬效应能发挥积极作用，能让人宽慰自己、接纳自己，并自得其乐。

29 刺猬效应

人与人之间只有保持适当的距离，彼此才能最大限度地感受对方的美好。

刺猬效应来源于西方的一则寓言，说的是在一个寒冷的冬天，两只刺猬想要相依取暖，一开始由于距离太近，各自的刺都将对方扎得鲜血淋漓。后来它们调整了姿势，相互之间拉开了适当的距离，不但能够一起取暖，而且很好地保护了对方。

一位教育心理学家后来根据这则寓言总结出了教育心理学上著名的"刺猬效应"。这一效应的原理是：教育者与受教育者在日常相处中只有保持适当的距离，才能取得良好的教育效果。然而在实践中，不少老师误读了这一"效应"，致使老师与学生之间的距离太大，学生失去了温暖感，对老师产生了陌生感。这样一来，教育效果就难以令人满意了。

刺猬效应强调的是人际交往中的心理距离，一般应用于教育活动中，但是也可以被广泛地应用于其他领域。例如，运用到管理实践中，就是领导者若想要搞好工作，应该与员工保持密切的关系，但这是"亲密有间"的关系，是一种不远不近的恰当合作关系。与员工保持心理距离，可以避免员工的防备和紧张，可以减少员工对自己的恭维、奉承、送礼、行贿等行为，可以防止与员工称兄道弟、吃喝不分。这样做既可以获得员工的尊重，又能保证在工作中不丧失原则。一个优秀的领导者和管理者，就要做到"疏者密之，密者疏之"，这才是成功之道。

一位心理学家做过这样一个实验：一个刚刚开门的大阅览室，当里面只有一位读者时，心理学家就进去拿椅子坐在他的旁边。实验进行了整整80人次。结果表明，没有一个测试者能够容忍一个陌生人紧挨着自己坐下。当心理学家坐在他们身边后，很多测试者会默默地移到别处坐下，有人甚至明确地问："你想干什么？"

这是一个人际距离的问题，很明显这个实验给出了结论：没有人能容忍他人闯入自己的空间。人与人之间需要保持一定的空间距离，即使关系最亲密的两个人之间也是一样。任何一个人，都需要有一个能自己掌控的自我空间，这个空间就像充满了气的气球一样，如果两个气球靠得太近，互相挤压，最后的结果必定是爆炸。这也就是为什么两个本来关系密切的人，越是形影不离就越容易发生争吵。

与人相处只要保持好适当的距离，就可以不伤害别人而取得温暖。我们经常会发现别人的缺点，正直的我们会善意地指出，但有时对方会不接受，而出于善意的我们希望对方认识到并改正缺点，最后常常是大家不欢而散。因此我们应把握好一个度，即"忠告而善道之，不可则止，毋自辱焉"。

刺猬效应同样可以运用到销售、家庭教育等方面。

在各种促进买卖成交的提问中，"刺猬反应"是很有效的一种。所谓"刺猬反应"，其特点就是你用一个问题来回答顾客提出的问题。你用自己的问题来控制你和顾客的洽谈，把谈话引向销售程序的下一步。

在家庭中，父母在孩子心目中特殊的心理地位，决定了父母与孩子之间必然存在一定的心理距离，与其像两只刺猬"紧挨在一块儿，反而无法睡得安宁"，倒不如保持一种"亲密有间"的关系，父母对子女的正确态度，应该是爱而不宠、养而不娇，对孩子做到严格管教、精心培养才是真正的爱。

小 知 识

不同场合下的合适距离

美国心理学家爱德华·霍尔经研究发现，人与人之间的距离可以分为以下几个区域：

1. 亲密距离（45～75厘米）

这是人际间最亲密的距离，只能存在于最亲密的人之间，彼此能感受到对方的体温和气息。就交往情境而言，亲密距离属于私下情境，即使是关系亲密的人，也很少在大庭广众之下保持如此近的距离，否则会让人感到不舒服。

2. 个人距离（75～120厘米）

这是人际间稍有分寸感的距离，较少进行直接的身体接触，但人与人之间能够友好交谈，让彼此感到亲密的气息。一般来说，只有熟人和朋友才能进入这个距离。人际交往中，个人距离通常是在非正式的社交情境中使用，在正式社交中不使用。

3. 社交距离（1.2～3.5米）

这是一种社交性或礼节上的人际距离，也是我们在办公室中经常见到的。这种距离给人一种安全感，处在这种距离中的两个人，既不会担心受到伤害，也不会觉得太生疏，可以友好交谈。

4. 公众距离（超过3.5米）

一般来说，演说者与听众之间的标准距离就是公众距离，还有明星与粉丝之间也是如此。这种距离能够让粉丝更加喜欢偶像，不会觉得对方遥不可及，偶像也能够保持神秘感。

30 苏东坡效应

"人贵有自知之明",既要看到自己的不足,也要看到自己的长处,这样在学习和工作中才能扬长避短,取得好成绩。

古代有这样一则笑话。一位解差押解一位和尚去府城。住店时和尚将解差灌醉,并剃光他的头发后逃走了。解差醒时发现少了一个人,大吃一惊,继而一摸光头,转惊为喜:"幸好和尚还在。"可随之又困惑不解,"我在哪里呢?"

这则笑话在一定程度上印证了诗人苏东坡的两句诗:"不识庐山真面目,只缘身在此山中。"即人们对"自我"这个犹如自己手中的东西,往往难以有正确的认识。从某种意义上讲,认识"自我"比认识客观现实更为困难。明明就站在这座山上,却偏偏不识其真面目。明明自己就拥有"自我",却偏偏不自悟,或者仅有个模模糊糊的认识。这种人们难以正确认识"自我"的现象是一种心理效应,社会心理学家称其为"苏东坡效应"。

每个人都有自己的优点和不足。然而,生活中常有人只看到自己的优点,却看不到自己的缺点;也有些人常看到自己的很多问题,却看不到自己的长处。所以，在比较时，一定要看清自己真正的优势和弱势，切不可只看到别人的长处，而忽视了自己的优点。这样只会让自己变得自卑，进而导致失败。

一位父亲带着儿子去参观凡·高故居，在看过那张小木床及裂了口的皮鞋之后，父亲告诉儿子凡·高是个连妻子都没娶上的穷人。

第二年，这位父亲带儿子去丹麦，在安徒生的故居前，父亲又告诉儿子：安徒生是一位鞋匠的儿子，他就生活在这间阁楼里。

这位父亲是一个水手，他每年往来于大西洋沿岸的各个港口，他的儿子叫伊东·布拉格，是美国历史上第一位获得普利策奖的黑人记者。二十年后，在回忆童年时，布拉格说："那时我们家很穷，父母都靠出苦力为生。有很长一段时间，我一直认为像我们这样地位卑微的黑人是不可能有什么出息的。好在父亲让我认识了凡·高和安徒生，这两个人告诉我，上帝没有轻看卑微。"

不能够正确认识自我很容易让人迷失自己。不能对自己做出客观准确的评价，就很难发现自身的优点和缺点。这些都会阻碍个人的发展和进步。因此，我们应避免苏东坡效应在自己身上应验。

首先，要孤独地面对自己。也就是给自己一个独立的空间，对自己的言行、思想、学习和工作状况进行深刻的反思，冷静地分析自身的优劣状况，并进行自我调节和控制，使自己能更好地向目标奋进。

其次，通过别人的视角来充分了解自己。"旁观者清"，通过他人的眼神、语言、态度了解自己言行的对错和自己的社会处境，从而调整自己的行为表现，以此来完善自我，达成目标。

再次，要掌握一些分析和判断的方法。因为这与正确认识"自我"密切相关。这些分析和判断的方法主要有：能一分为二地看待问题；既能善于听取别人的劝告，又不会被别人操纵；遇事能够冷静理智，不会感情用事，等等。

最后，与自己进行良好的对话。这种对话是发生在内心深处的争斗，是正与邪的相互抗争，也是进行自我思想斗争的根本形式。通过对话分辨是非，实现个人完善和学业进步。

小 测 试
测测你是否被苏东坡效应牵着鼻子走

测一测你对"自我"的认识程度及掌握情况。测试题如下：

1．你的情绪是否时常波动？
2．你对别人的友情能持续多久？
3．你购买廉价或处理商品，是否常超出自己的实际需要？
4．你守信用吗？
5．你是否轻率地结识异性朋友并与对方约会？
6．你对自己购买的东西常能感到满意吗？
7．你是否轻率地对人或事下定论？
8．你在自己所从事的工作中是否常有疏忽？
9．你是否有已不再联络的老朋友？
10．你的生活习惯健康吗？
11．你是否经常凭初次印象判断一个人？
12．你能认真地给他人写一封信吗？
13．你是否会因做错事而感到不安？

14．你平时遵守交通规则吗？

15．你在阅读书刊或文件时，习惯于把注解忽略过去吗？

以上测试题的计分规则是：1、3、5、7、9、11、13、15题，回答"否"记1分；2、4、6、8、10、12、14题，回答"是"记1分。

解析：

得分在11分以上者，其"自我"是比较成熟的。

得分在8～10分之间者，其"自我"是部分成熟的。

得分在5～7分之间者，其"自我"是不够成熟的。

得分在5分以下者，其"自我"是相当幼稚的。

31 责任分散效应

俗话说："人多力量大。"但是有时候人越多，事情越是没人做。

责任分散效应是指，当群体规范和内聚力失调时，人们可能觉得团体中的其他人没有尽力工作，为求公平，于是自己也就减少付出。人们也可能认为个人的付出对团体来说微不足道，或是团体成绩只有很少一部分能归于个人，个人的付出难以衡量，与团体绩效之间没有明确的关系，故而减少个人付出，不再全力以赴。

在美国一处郊外的某座公寓前，一位年轻女子在回家的路上遇刺。她绝望地喊叫："有人要杀人啦！救命！救命！"听到喊叫声，附近的住户亮起了灯，打开了窗户，凶手被吓跑了。当一切恢复平静后，凶手又返回此地，再次作案。当她第二次叫喊时，附近的住户又打开了电灯，凶手又逃跑了。当她认为已经无事，上楼回自己家时，凶手又一次出现在她面前，将她杀死在楼梯上。在这个过程中，尽管她大声呼救，她的邻居中至少有38位到窗前观看，但无一人来救她，甚至无一人打电话报警。人们把这种众多旁观者见死不救的现象称为"责任分散效应"。

心理学家发现，这种现象不能仅仅说是众人的冷酷无情，或者道德沦丧的表现。因为在不同的场合，人们的援助行为确实是不同的。当有人遇到紧急情况时，如果只有他一个人能提供帮助，他会清醒地意识到自己的责任。而如果有许多人在场的话，帮助求助者的责任就由大家来分担，造成责任被分散，每个人分担的责任很少，从而产生一种"我不去救，会有别人去救"的心理，造成"集体冷漠"的局面。

我国有句很古老的俗语："一个和尚挑水吃，两个和尚抬水吃，三个和尚没水吃。"这句话就是责任分散效应的表现。如果只有一个人在场的话，他对别人的求助就责无旁贷，稍微具有社会公德的人，都会主动提供帮助。但如果有两个人或更多的人在场的话，这种责任就会自动地分散到每个人头上，变得不确定了，因此提供帮助似乎对于每个人来说都成了别人的事。

责任分散效应可以解释我们生活中的很多现象，下面的例子就是对这种效应最好的解释。

一个办公室里原本有三个人，每次办公室的卫生都由小张负责。后来，办公室新来了一位同事，小张就和那位新同事商定轮流打扫卫生。两个人也配合得相当好，办公室每天都被打扫得干干净净。再后来，又来了一名大学生，他来的第二天早上，当同事都来上班时却发现地上一片狼藉。大家面面相觑。原来，小张和原来的同事都认为卫生应该由新入职的同事负责，而那位大学生却认为卫生已经有人负责了，自己只需要做自己的本职工作就行了。由此可见，当大家都认为别人会承担某种责任的时候，恰恰没人承担责任。

当一个人单独进行选择的时候，他必须担当起所有的责任。但当大家组成一个团队，集体讨论问题的解决方法时，责任就被扩大化了。大家都有这样的思想：如果出了问题，责任是大家的，不是我一个人的。如果一个团队中每一位成员都受这种思想的驱使，那么由集体做出的决定往往更为冒险，这是值得我们提高警惕的。

因此，领导者在将一项任务交给某个团队去完成时，一定要指定负责人，这儿出了问题找谁，那儿出了问题找谁，最后直接跟负责人交涉就行了。团队完不成任务的时候，想让你的批评变得有力，就要让你的批评变得具有针对性，工作一定要分给具体的某个人，否则就会出现这种责任分散的现象，你布置下去的任务多半不会被很好地执行。

小 故 事
小老鼠偷油吃

有一只老鼠住在一个油缸附近，可是油在深缸的底部，它只好每天晚上都拿一支小小的吸管去偷油喝，可是一晚上只能喝一点儿。后来，有一只老鼠搬到油缸附近，于是它们开始结伴偷油，方法是把一支吸管弄到缸里，轮流按住管子让另一只喝。但是不久，它们就为喝油的先后顺序发生了争执。

恰在这时，又有一只老鼠搬来了，它们想出了一个很棒的办法，就是一只咬着一只的尾巴，吊下缸底去喝油。

第一只老鼠最先吊下去喝油，它在缸底想：油只有这么一点点，大家轮流喝一点儿，那多不过瘾。今天算我运气好，不如自己痛快地喝个饱。夹在中间的第二只老鼠等了半天也没见第一只老鼠抬头，有些恼火地想：下面的油没有多少，万一让第一只老鼠喝光了，那我岂不是要喝西北风吗？第三只老鼠也有同样的想法。

于是，第二只老鼠松开了第一只老鼠的尾巴，第三只老鼠也迅速松开了第二只老鼠的尾巴，争先恐后地跳到缸里。由于油滑缸深，它们再也没有逃出油缸。

32 糖果效应

如果一个人每进步一小步，就能及时得到奖励，尝到成功的滋味，就会有助于取得更大的成功。

著名心理学家萨勒对一群 4 岁的孩子说："桌上放着两颗糖，如果谁能坚持 20 分钟，等我买完东西回来，糖就给谁。但若不能等这么长时间，就只能得一颗，现在我就把这颗糖给你们！"这对 4 岁的孩子来说，很难选择——每个孩子都想得到两颗糖，但又不想为此熬 20 分钟，而要想马上吃到嘴里，又只能吃一颗。

实验结果：三分之二的孩子选择等 20 分钟得两颗糖。当然，他们很难控制自己的欲望，不少孩子只好把眼闭起来傻等，以抵制糖的诱惑；或者用双臂抱头不去看糖，或通过唱歌、跳舞转移注意力；还有的孩子干脆躺下睡觉，为了熬过那 20 分钟。三分之一的孩子选择现在就吃一颗糖。实验者一走，他们立刻就把那颗糖塞到嘴里了。

经过 12 年的追踪，凡熬过 20 分钟的孩子长大后都有较强的自制能力，充满自信和对自我的肯定，处理问题的能力强，坚强，乐于接受挑战；而选择吃一颗糖的孩子长大后则大多表现为犹豫不定、多疑、妒忌、神经质、好惹是非、任性，顶不住挫折，自尊心易受伤害。这种从小时候的自控力、判断力、自信的表现中能预测出他长大后个性的效应，就叫"糖果效应"。

糖果效应给我们的启示有两点：

1. 成功就是在你即将放弃的那一刻坚持了下来

例如，你在一个公交站台等车，车过去了一辆又一辆，但都不是你要等的那趟车。时间已经过去半个多小时了，你终于忍不住，选择打一辆出租车。当你刚坐上车，关上车门的一刹那，你发现你所等的那趟车正徐徐开来。

当然，这只是生活中的一件再普通不过的小事。一个人要想获得更大的成功，就要学会抵制诱惑；现代社会中存在太多的诱惑，它们总是展示迷人的一面，引诱我们渐渐远离自己的理想与目标。每个人都会面对种种诱惑，学生做作业时，会受到游戏的诱惑；小孩子即使长了蛀牙，也会受到糖果的诱惑；减肥者常常会受到食物的诱惑。

因此，我们在生活中要善于抵制诱惑，不被眼前的小利益迷惑，不做诱惑的俘虏，争取获得更大的成功。

2. 当一个人表现好或有进步的时候要及时给予奖励

例如，一位校长看到一个男生用一块石头砸同学，便立刻上前制止，并让这位男生过一会儿去他的办公室。当这位校长回到办公室时，那名男生已经在那里等候了。校长掏出一颗糖果给男生，说："这颗糖是奖给你的，因为你按时到了。"还没等那个男生从惊异中反应过来，校长又掏出一颗糖说："这颗也是奖给你的，我不让你打同学，你立即住了手，说明你很尊重老师。"那个男生正想开口，校长再次掏出一颗糖说："据我了解，你打同学是因为他欺负女生，你打抱不平，说明你有正义感，所以这一颗也给你。"男生感动地流下了悔过的泪,说:"校长,我错了,同学再不对,我也不该这样去制止他。"校长面带微笑,拿出了第四颗糖果,说:"应该再奖你一颗糖,因为你能认识到自己的错误。"

糖果效应在我们的日常生活中有很多体现。例如,你可以利用糖果效应让自己放弃眼前的小利益,通过自己的努力和坚持取得更大的成功。在教育孩子时,要让他学会抵制诱惑,在孩子有一点儿进步时,及时给他奖励,让他及时体会到成功的喜悦,从而取得更大的进步。

小 测 试
测测你的自控力

下面几个问题,如果你的答案是肯定的计 1 分,是否定的计 0 分。

1. 你经常会说这样一句话:"这是最后一次了。"
2. 你时常对自己做的事感到后悔。
3. 你的零花钱总是超支。
4. 你很容易答应别人的请求。
5. 你总是不能完成自己制订的学习计划。
6. 你的生活中时常会出现接二连三的麻烦事。
7. 你经常会去幻想那些不切实际的事。
8. 你经常在早晨赖一会儿床。
9. 你时常不能兑现对老师和同学的承诺。
10. 你在超市购物时往往会购买一些计划外的物品。

解析：

得分为 0～2 分，说明你抵抗诱惑的能力强。

你具有相当顽强的自制力，能够有效地控制和调节自己的行为。你的理智常占据上风，对"我想做"与"应当做"的关系把握得很清楚。你能够完成一些自我要求，从而对未来的新计划充满信心。

得分为 3～10 分，说明你易于向诱惑屈服。

你一而再再而三地做了诱惑的俘虏，你的设想与计划常在半路夭折。如果你是这种情况，不要泄气。处理缺乏自制力的问题，应从小事做起，例如强迫自己在寒冷的冬天从温暖的被窝里爬出来，逐渐培养自制的习惯。还可以对自己的自制行为设定一些小奖励。比如，如果在一周内都没有赖床，就请自己吃一顿饭；认真完成了某项计划，就给自己买件新衣服，等等。慢慢地，你就会对自己的惰性说再见。

33 自我选择效应

选择对于人的一生来说是很重要的，每一步都要慎重，否则就很容易没有后路。

自我选择效应是指，人在一生中面临着很多种选择，你一旦选择了某条大路，就会产生沿着这条路走下去的惯性并且不断自我强化。如果转向其他的道路，就将付出更高的成本。

因此，我们在面临选择时应该慎重。如果我们选择了某项职业，在从事了一段时间之后，就会慢慢积累起这项职业的专门技能，如果半路出家或转行，必然要经过一个艰苦的"换羽"过程，而且要付出相当大的成本。

我们也看到，频繁跳槽的人其工作都不十分稳定。原因可能在于，他们跳槽的成本通常不大，也意味着他们的人生富于变化，路径依赖和相似性相对就弱一些，然而他们也难以成为某一领域的佼佼者。从成本、收益的角度来看，跳槽者需要用大量时间、精力去学习新的制度乃至专业知识，建立新的人际关系，等等，这些都不是小成本，而想要赢得跳槽的收益常常需要机会，并且在一段较长的时间后才能体现出来。因此，一旦选择错了，对自己造成的损失是无法计算的。

　　一次，某大学举行博士生入学考试。有一部分人迟到了，在门口执勤的保安不让他们进入考场。有一个人冲着保安气愤地撕掉了准考证，然后走了。实际上，学校规定必须在八点半前进入考场，迟到了，是你的过失，谁让你选择睡懒觉，谁让你不守时。这种不好的结果，只能怪自己，而不能埋怨别人。

　　学会选择对于我们每个人来说，都是非常重要的。像上述故事中的考生，他选择了睡懒觉，就只能放弃考博士的机会。其实，人生中有很多重要的事情，需要我们做出慎重的选择。入学、找工作、交友、婚恋等，都要进行选择。俗话说："男怕入错行，女怕嫁错郎。"说的就是选择的重要性。

　　选择与放弃，是相辅相成的。选择就意味着放弃，放弃也意味着选择。到图书馆看书，就意味着要放弃在其他地方玩或做其他事。人的时间和精力都是有限的，必须做出一些选择和放弃。有些选择，对于一个个体或者群体，关系甚为密切。人生不短不长，关键处就那么几步。选择对了，人生会更加辉煌与精彩；选择错了，则会令人悲愁苦恼，怨恨遗憾。从长远来看，我们要学会选择。

　　父母在教育孩子时也要注意，人在童年和少年时期形成的对世界、对人的看法可能影响其一生，也极易发生选择效应。一棵树在幼小时要扶正它是容易的，当它长大后再想扶正就很难了，因此注重儿童和少年时期的教育对于一个人的一生是很重要的。

　　选择效应对人生的影响是巨大的。也就是说，我们必须选择和接触那些能够给我们带来积极影响的人，选择那些有利于我们创造未来的工作。

小 故 事
选择决定命运

　　有三个人要被关进监狱五年，监狱长满足他们每人一个要求。美国人爱抽雪茄，要了三箱雪茄；法国人最浪漫，要一个美丽的女子相伴；而犹太人说，他要一部可以与外界沟通的电话。

　　五年后，第一个冲出监狱大门的是美国人，他的嘴里和鼻孔里塞满了雪茄，大喊："给我火，给我火！"原来他忘了要火柴。接着走出来的是法国人，他已经孩子成群。最后走出来的是犹太人，他紧紧握住监狱长的手，说："这五年来我每天与外界联系，我的生意不但没有停顿，反而增长了200%，为表感谢，我要送你一辆跑车！"

34 从众效应

个体受到群体影响的时候,往往会怀疑并改变自己的观点、判断和行为,朝着与大多数人一致的方向变化。

从众效应作为一个心理学概念,是指个体在真实的或臆想的群体压力下,在认知上或行动上以多数人或权威人物的行为为准则,进而在行为上努力与之趋向一致的现象。从众效应既包括思想上的从众,又包括行为上的从众。从众是一种普遍的社会心理现象,从众效应本身并无好坏之分,取决于在什么问题及场合上产生从众行为。

一个老者携孙子去集市卖驴。路上,孙子骑驴,爷爷在地上走,有人指责孙子不孝。爷孙二人立刻调换了位置,结果又有人指责老头虐待孩子。于是二人都骑上了驴,一位老太太看到后又为驴鸣不平,说他们不顾驴的死活。最后爷孙二人都下了驴,徒步跟驴走,不久又听到有人讥笑:"看!一定是两个傻瓜,不然为什么放着现成的驴不骑呢?"爷爷听罢,叹口气说:"还有一种选择,就是咱俩抬着驴走。"这虽然是一则笑话,却深刻地反映了日常生活中的一种现象——盲目从众,后来人们把这种现象命名为"从众效应"。

在生活中，每个人都有不同程度的从众倾向，总是倾向于跟随大多数人的想法或态度，以证明自己并不孤立。从众效应就是人们自觉或不自觉地以多数人的意见为准则，做出判断或者形成印象的心理变化过程。这是指作为受众群体中的个体在信息接收中所采取的与大多数人相一致的心理和行为的对策倾向。

从众是合乎人们心意和受欢迎的。不从众不仅不受欢迎，反而还会引起灾祸。例如，车流滚滚的道路上，一位反向行驶的汽车司机；枪林弹雨的战场上，一名偏离集体、误入敌区的战士；万众屏气静观的剧场里，一个观众突然歇斯底里地大声喊叫。公众几乎都讨厌越轨者，甚至会对他群起而攻之。但是盲目从众的行为却是不可取的。

有一个人在街上闲逛，忽见一长队绵延如龙，他就赶紧站到队后排队，唯恐错过购买什么新奇商品的机会。等到队伍拐过墙角，发现大家原来是排队上厕所，他才不禁哑然失笑，赶紧悄然退出了队伍。

社会心理学家经研究发现，持某种意见的人数的多少是影响从众心理的最重要的一个因素。"人多"本身就是说服力的一个明证，很少有人能够在众口一词的情况下还坚持自己的不同意见。

大多数人都认为从众行为扼杀了个人的独立意志和判断力，因此是有百害而无一利的。但实际上，对待从众行为要辩证地看。在特定的条件下，由于没有足够的信息或者搜集不到准确的信息，从众行为是很难避免的。通过模仿他人的行为来选择策略并无大碍，有时运用模仿策略还可以有效地避免风险和取得进步。

小 故 事
一个关于从众心理的实验

1952年,美国心理学家所罗门·阿希设计实施了一个实验,来研究人们会在多大程度上受到他人的影响而违心地进行明显错误的判断。他请大学生们自愿做他的被试者,告诉他们这个实验的目的是研究人的视觉情况。当某个来参加实验的大学生走进实验室的时候,他发现已经有5个人坐在那里了,他只能坐在第6个位置上。事实上他不知道的是,其他5个人是跟阿希串通好了的假被试者。

阿希要大家做一个非常容易的判断——比较线段的长度。他拿出一张画有一条竖线的卡片,然后让大家比较这条线和另一张卡片上的5条线中的哪一条线等长。判断共进行了18次。事实上这些线条的长短差异很明显,正常人是很容易做出正确判断的。

然而,在两次正确判断之后,5个假被试者故意异口同声地说出了一个错误答案。于是许多真被试者开始迷惑了,是坚定地相信自己的眼力呢?还是说出一个和其他人一样,但自己心里认为不正确的答案呢?他们无一例外地附和了假被试者的答案。

35 南风效应

与别人发生矛盾，互不相让，到最后往往是两败俱伤。而如果两个人能平心静气地好好谈谈，往往能化干戈为玉帛。

法国作家拉封丹曾写过这样一则寓言。

北风和南风比威力，看谁能把行人身上的大衣脱掉。北风首先吹了一阵寒冷刺骨的冷风，结果行人为了抵御北风的侵袭，把大衣裹得紧紧的。南风则徐徐吹动，顿时风和日丽，行人觉得越来越热，于是解开纽扣，脱掉了大衣。结果很明显，南风获得了胜利。这就是"南风效应"这一社会心理学概念的出处。

南风效应给人们的启示是：在处理人与人之间的关系时，要特别注意讲究方法。北风和南风都想使行人脱掉大衣，但由于方法不一样，结果大相径庭。

比如，有些人与大家在一起时很凶很要强，一次、两次可能因为你的强势让你占了上风，但不久你就会发现你已经失去了朋友。我们在与别人发生矛盾时，如果学学南风，与对方坦诚地谈谈，就一定可以化解双方的矛盾。

延伸开来说，管理中也存在"北风"和"南风"这两种类型的人。

一种是北风效应。有的人企图以自己的强势来压倒别人，但是他不了解人都是有思想、有感情的。你管理他，有时候并不一定就是你比他强，只是因为你的职务比他高而已。运用强势的手段，往往给下面的人带来的是北风效应。你想征服他，反而会迫使他产生抗拒心理。

另一种就是南风效应。有的人通过与对方交流，告诉他，"我可以帮助你什么"，"你其实是在为自己做事"，"你需要的是自我价值的实现，而非为他人作嫁衣"。这种管理模式，也许相对来说显得管理者比较弱势，然而事实并不尽然。一个成功的管理者是把他手下的兵全部带成与他一样强势一样优秀的人，而不是以强势来把自己的兵变成任他使唤的奴才。

同样的道理，南风效应也可以应用到孩子的教育问题上。老师在工作中如果能多一点儿人情味，面对学生的错误能心平气和地、通情达理地去解释、分析，那么就会产生南风效应，从而达到预期的教育目的。正如优秀教师魏书生先生说的那样，当学生犯错误时，应先避开问题的实质，把学生从犯错误的阴影中带出来，走到温暖的"阳光"下，给学生一个愉快的心境，和风徐徐地吹掉他们自我保护的"盔甲"，然后耐心地进行说服教育，这样学生就会主动向老师敞开心扉。

南风效应在生活中的应用非常广泛。例如，父母教育孩子，如果老是采用强硬的手段，往往达不到教育的目的；而采取温和的方法反而会使孩子心悦诚服。因此，父母在教育孩子的过程中要把握"尊重"和"信任"这两个关键词，和孩子建立起一种平等的关系，把孩子看作发展中的人。这样，孩子才会乐意听取父母的建议，父母对孩子的教育才能达到预期的效果。

小 贴 士
让别人乐于接受你的批评

俗话说:"良药苦口利于病,忠言逆耳利于行。"随着科学技术的进步,良药未必苦口,可以用糖衣裹着了。那么,忠言是否也能不逆耳呢?南风效应的回答是:"不仅可能,而且应该。"南风虽然无言,却得到了胜过北风的结果,是因为这徐徐吹拂的南风符合行人的心理状态。而北风则不然。

同样,批评之所以常常"逆耳",也是因为批评常常与被批评者的情绪状态相抵触。心理学家告诉我们,一个人的情绪状态,会对生理活动产生直接的影响。良好的心境能使人的认识活动和意志活动积极起来。

一般说来,人们都乐意接受正确的批评,所不愿接受的,往往是批评的方式、方法。所以,批评者如能考虑到被批评者的情绪状态,采取对方易于接受的批评方式,使被批评者在良好的心境下展开认识活动和意志活动,那么,批评就能起到南风效应的作用,达到预期的效果。

36 增减效应

良好的人际交往能力，可以使喜欢你的人越来越喜欢你。

心理实验研究显示：人们最喜欢那些对自己的喜爱程度不断增加的人，最不喜欢那些对自己的喜爱程度不断减少的人；一个对自己喜爱程度逐渐增加的人，比一贯喜欢自己的人更受欢迎。心理学家阿伦森把这种心理现象称为"增减效应"。

两个素昧平生的人，可以成为好朋友，也可能分道扬镳。这说明，人际交往及由此产生的关系，是一个动态结构，随主观、客观条件的变化而变化。人们都希望在千变万化的人际关系中能产生好的交往效果，怎样才能如愿以偿呢？这就需要研究人际交往中的增减效应。所谓"增"就是人际交往水平的提高，所谓"减"就是人际交往水平的降低。

当然，我们在人际交往中不能机械地照搬增减效应。因为我们在评价一个人时，所涉及的具体因素有很多，仅靠单方面的表现不能说明一切问题。倘若我们评价他人时不根据具体对象、内容、时机和环境就盲目地下结论，往往会弄巧成拙。

尽管如此，这种增减效应仍然有其合理的心理依据：任何人都希望对方对自己的喜爱程度能"不断增加",而不是"不断减少"。例如,许多销售员往往就是抓住人们的这种心理,在称东西给顾客时总是先抓一小堆放在秤盘里再一点点地添入,而不是先抓一大堆放在秤盘里再一点点地拿出。

在生活中,许多父母往往对孩子批评多、表扬少,对孩子这里看不惯,那里不满意,批评不断,以致招来孩子对自己的反感。喜欢听表扬的话是孩子的天性,表扬能使孩子更加自尊、自爱、激扬自信,从而奋发向上。所以,父母对孩子还是要多一点儿表扬鼓励,少一些批评指责。这样做,教育效果会更好。

有的父母,要么把孩子捧上天,要么把孩子批评得一文不值。这样一热一冷,温差太大,势必造成孩子心理"感冒"。所以,父母对孩子的表扬、批评以及情感投入,都要逐步增加或减少,任何"暴冷""暴热"都不可取,否则会留下后遗症。

增减效应实验证明:先批评后表扬比先表扬后批评的效果好,甚至比一直表扬的效果还要好。但是,这并非一成不变的灵丹妙药,关键在于批评、表扬的内容与客观事实的一致性。决定表扬、批评效果的因素有很多,有父母的情感、态度、方法问题,孩子的心理状态、时机、环境等原因,顺序只是技巧之一。况且,就顺序而言,有时先表扬后批评的效果也很好。总之,不能简单、机械地套用增减效应。

在人际交往中也是如此,双方的交往水平和相互之间的关系,只有当双方的认知趋于一致时,才能得到比较正确的反映。人们常说,感情在交往中增进。但严格来说,并非所有交往都能达到此目的,只有有效交往才能增进感情、发展友谊,无效交往可能适得其反。什么叫有效交往?就是能使人产生愉快感觉的交往。

例如,有的人好做锦上添花的事,而不善于雪中送炭;有的人与别人讲话不善于察言观色，常使对方难堪，此类交往就达不到愉快的目的。同样的交往方式，条件不同，产生的效果也不同。朋友之间坦诚相待，有利于友谊的深化，但与已有隔阂的同事直来直去地说话，容易产生误解。一个人身处逆境时，有时只是一句宽慰的话，也会使他称你为莫逆之交。但身处顺境中的人，则无论你如何友善，他也未必会视你为知己。所以，人际关系的水平、条件不同，交往方式也应有所不同。

小 测 试

测测你受欢迎的程度

如果你不小心摔碎了董事长喜爱的花瓶，你的第一想法是什么？

A．先跟秘书谈谈，她会帮你解决。

B．不要紧，有人替你想办法。

C．坏了就坏了，管它呢！

D．董事长人很好，道个歉就行了。

E．这只花瓶值好几万元，真糟糕。

解析：

选A：为人谨慎，凡事会三思而行。表现欲强，有时会因自我膨胀而弄巧成拙。

选B：活泼型，社交能力强，很得人缘。考虑周到，受人倚重。

选C：自恃清高，不愿受人指使。不适合团队合作，是独当一面的行动派。

选D：你喜欢自己一人独处，不屑于和别人合作。

选E：经常产生急躁、怨恨、不满的情绪，重财轻义，人际关系不够圆融。

37 权威效应

不要过于迷信权威人物所说的话，应敢于坚持自己的看法，说出自己的观点。

某高校举办了一次特殊的活动，请一位德国化学家展示他最新发明的某种挥发性液体。当主持人将满脸大胡子的"德国化学家"介绍给阶梯教室里的学生后，化学家用沙哑的嗓音向学生们说："我最近研究出了一种有强烈挥发性的液体，现在我要进行实验，看要用多长时间能从讲台挥发到全教室，凡闻到一点儿味道的，马上举手，我要计算时间。"

说着，他打开了密封的瓶口，让透明的液体挥发……不一会儿，后排的学生、前排的学生、中间的学生都先后举起了手。不到两分钟，全体学生都举起了手。此时，"化学家"一把把大胡子扯下，摘掉墨镜，学生们才发现，原来他是本校的德语老师。他笑着说："我这里装的是蒸馏水！"

对于本来没有气味的蒸馏水，为什么所有学生都认为闻到了气味而举手呢？这是因为有一种普遍存在的社会心理现象——权威效应——在起作用。

所谓权威效应，就是指说话的人如果地位高、有威信、受人敬重，则他所说的话就容易引起别人重视，并使人相信其正确性。即我们平时所说的"人微言轻，人贵言重"。

权威效应的普遍存在，首先是由于人们有"安全心理"，即人们总认为权威人物往往是正确的楷模，服从他们会使自己具备安全感，增加不会出错的"保险系数"；其次是由于人们有"赞许心理"，即人们总认为权威人物的要求往往和社会规范相一致，按照权威人物的要求去做，会得到各方面的赞许和奖励。

在现实生活中，利用权威效应的例子有很多：做广告时请权威人物赞誉某种产品，在辩论说理时引用权威人物的话作为论据，等等。在人际交往中，利用权威效应，还能够达到引导或改变对方的态度和行为的目的。平凡人物，一旦被新闻媒体炒作，也会变得身价百倍，这也是新闻的权威效应产生的结果。

因权威人物的评价，改变被评价事物的社会影响的现象也是权威效应。南朝的刘勰写出了《文心雕龙》，却无人重视，他请当时的大文学家沈约审阅，沈约不予理睬。后来他装扮成卖书人，将作品送给沈约。沈约阅读后给予该书的评价极高，于是《文心雕龙》成了中国文学评论领域的经典名著。这也是权威效应在起作用。

在企业中，领导也可利用权威效应去引导和改变下属的工作态度以及行为，这往往比命令的效果更好。因此，一个优秀的领导肯定是企业中的权威，或者为企业培养了一个权威，然后利用权威效应进行管理。当然，要树立权威还必须要先对权威有一个全面深层的理解，这样才能正确地树立权威，才能让权威保持得更加长久。

小 故 事

自信的指挥家小泽征尔

日本著名的指挥家小泽征尔有一次去欧洲参加指挥家大赛,在进行决赛时,评委交给他一张乐谱。演奏中,小泽征尔突然发现乐曲中出现了不和谐的地方,以为是乐队演奏错了,就指挥乐队停下来重奏一次,结果他仍觉得不自然。

这时,在场的权威人士都郑重声明乐谱没有问题,这只是他的错觉。面对几百名国际音乐权威人士,他不免对自己的判断产生了动摇。但是,他考虑再三,坚信自己的判断没错,于是大吼一声:"不,一定是乐谱错了!"他的喊声一落,评委们立即向他报以热烈的掌声,祝贺他大赛夺魁。原来,这是评委们精心设计的"圈套",以试探指挥家在发现错误而权威人士又不承认的情况下能否坚信自己的判断。

38 投射效应

如果总是把自己的心理特征归属到别人身上,认为别人也具有同样的特征,那么我们不但无法真正了解别人,也无法真正了解自己。

心理学家经研究发现,人们在日常生活中常常不自觉地把自己的心理特征归属到别人身上,以己度人,认为自己具有某种特性,别人也一定会有与自己相同的特性,从而把自己的感情、意志、特性投射到他人身上并强加于他人。

在人际交往过程中,人们常常假设他人与自己具有相同的特性、爱好或倾向,认为别人理所当然地知道自己心中的想法。如:自己喜欢说谎,就认为别人也总是在骗自己;自己自我感觉良好,就认为别人也都认为他自己很出色……心理学家称这种心理现象为"投射效应"。

宋朝著名才子苏东坡与一位叫佛印的和尚相识。有一天,东坡突然在路上碰见佛印,见到佛印身披黄袍袈裟,身材魁伟,东坡灵机一动,笑呵呵地对他说:"佛印啊,你知道你看上去像什么吗?"佛印一下愣住了,傻傻地问:"东坡兄,你看我像什么?"东坡哈哈大笑一声,说:"你呀,看上去像一坨大粪。"

佛印微微点头，接着说："东坡兄，你知道你看上去像什么吗？"苏东坡闻声，以为佛印要以牙还牙，忙收敛了笑容，很小心地问："你看我像什么？"只见佛印一字一句地说道："东坡兄，你一袭学士长袍，满面红光，活像一尊佛啊！"话毕，深深一鞠躬。苏东坡听完心里揣摩："这和尚傻不傻，连我对他的贬损之言都听不明白，还修行个啥啊？"

苏东坡找来苏小妹"分享战果"，小妹听完直跺脚，连声说："哥哥，你上当了，你被大和尚'涮'了！"苏东坡一惊，忙问："到底怎么了？"小妹说："哥哥呀，你真糊涂！难道你不知道佛教里有句话叫'心中有佛，见人是佛'吗？大和尚在骂你'心中有大粪，见人是大粪'呀！"苏东坡顿时满面羞愧。

由于投射效应的存在，我们常常可以从一个人对别人的看法中来推测这个人的真正意图或心理特征。因为人有一定的共同性，有一些相同的欲望和要求，所以，在很多情况下，我们对别人做出的推测都是比较正确的。但是，人与人之间毕竟有差异，因此推测也会有出错的时候。在日常生活中，我们常常错误地把自己的想法和意愿投射到别人的身上：自己喜欢的人，以为别人也喜欢，总是疑神疑鬼，莫名其妙地吃一些醋；父母总喜欢为子女设计前途、选择学校和职业，把自己的喜好强加到他们身上……我们得记住，人与人之间既有共性，又各有个性，如果投射效应过于严重，总是以己度人，那么我们将既无法了解他人也无法了解自己。

投射效应也是一种心理定式的表现，它以评价人自己的心理特征作为认知他人的标准。由于评价人往往把自己的某种品质、性格、爱好投射到甚至可以说是强加到被评价者的身上，以自己为标准去衡量被评价者，从而使评价的客观性打了折扣，最终使评价结果产生误差。这种类型的误差，一般称为"相似误差"。

"以小人之心度君子之腹"就是一种典型的投射效应。当别人的行为与我们不同时，我们习惯用自己的标准去衡量别人的行为，认为别人的行为违反常规；喜欢嫉妒的人常常将别人行为的动机归纳为嫉妒，如果别人对他稍不恭敬，他便觉得别人在嫉妒自己。

为了克服投射效应的消极作用，我们应该正确地认识自己和他人，做到严于律己、客观待人，尽量避免以自己的标准去判断他人。

------- 小 知 识 -------

企业招聘中的投射效应

著名作家钱锺书说："自传其实是他传，他传往往却是自传。"要了解某人，看他的自传，不如看他为别人作的传。通过对别人进行描述，降低个人压力，借别人的想法进行表达才能表达出自己真实的内心。

这种方法应用在招聘面试中可以帮助企业洞悉求职者的内心动机。比如，企业想要获取求职者真实的应聘目的，设计了以下两个问题：

1．你选择到我们公司来工作的主要原因是什么？

A．收入高　　B．有发展前途　　C．公司理念符合个人的个性

D．提供住宿　　E．工作轻松

2．你认为跟你一起应聘的人选择到我们公司来工作的主要原因是什么？

A．收入高　　B．有发展前途　　C．公司理念符合个人的个性

D．提供住宿　　E．工作轻松

显然第一个题目并没有多大意义，大部分求职者都会选择 B 或 C，第二

个题目才是对求职者心理投射的重点考查。求职者一般会根据自己内心的真实想法来推测别人，第二个题目的答案才是求职者真实的内心想法。因为别人到底想什么，自己是不知道的。所以，在平常谈话或者企业招聘过程中，也可以利用第三视角法了解对方的内心态度和动机。

39 登门槛效应

要让他人接受一个很高的，甚至是很难的要求时，最好先让他接受一个小一点儿的要求。一旦他接受了这个小的要求，就比较容易接受更高的要求。

美国社会心理学家弗里德曼做了一个有趣的实验：他让助手去访问一些家庭主妇，请求被访问者答应将一个小招牌挂在窗户上，她们答应了。过了半个月，实验者再次登门，要求将一个大招牌放在庭院内，这个牌子不仅大，而且很不美观。同时，实验者也向以前没有在窗户上放过小招牌的家庭主妇提出同样的要求。结果前者有 55% 的人同意，而后者只有不到 17% 的人同意，前者的人数比后者高 3 倍。后来人们把这种心理现象叫作"登门槛效应"。

这种为达到最终目的而分步骤进行的做法之所以有如此强的作用，可能是由于个体的自我认知在某些方面起了变化。例如，在上述挂招牌的实验中，主妇们原以为自己不让挂招牌，即使有人找上门也不同意这个要求，但是，一旦她们同意了某个实际上很难拒绝的小要求，就可能改变自己的想法。由于同意了在窗户上挂一个小牌子这个小要求，家庭主妇们不知不觉地就加入了情愿的行列，那么，当第二个要求提出来时，就有可能做出同意的决定。

因此，答应并实现了第一个小要求，改变了个体对自己或对活动本身的态度，由此减弱了个体对类似活动高要求的对抗心理，使个体更容易顺从第二个高要求。这就是登门槛效应，一只脚都进去了，何必在乎整个身子都进去呢？

心理学认为，人的每个意志行动都有行动的最初目标，在许多场合下，由于人的动机是复杂的，人常常面临各种不同目标的比较、权衡和选择，在相同情况下，那些简单方便的目标容易让人接受。另外，人们总愿意把自己调整成前后一贯、首尾一致的形象，即使别人的要求有些过分，但为了维护印象的一贯性，人们也会选择同意。

这种效应在现实生活中也存在，男士在追求自己心仪的女孩时，也并不是"一步到位"，提出要与对方共度一生，而是通过看电影、一起吃饭等小要求来逐步达到目的的。

有经验的老师在做学生工作时也是这样，他总是先让学生承诺完成一件比较容易的任务，待到任务完成后，他再接着提出更高的要求。但是，在使用这种"门槛"时，老师也应注意另一种新的"门槛"运用方法，即先提出一个很高的要求，接着提出较小的要求。这种做法也会产生极大的效应。

在要求别人或者下属做某件较难的事情而又担心他不愿意做时，可以先向他提出做一件类似的比较容易的事情。同样，对于一个新人，上级不要一下子对他提出过高的要求，应先提出一个只要比过去稍有难度的小要求，当他达到这个要求后，再通过鼓励，逐步向其提出更高的要求，这样员工容易接受，预期目标也容易实现。这里面的心理变化是多么微妙啊！不过要记住，有的时候还是要守住自己的"门槛"，该拒绝的时候一定要拒绝。

小 故 事
乞丐的智慧

在一个风雨交加的夜晚，有一个乞丐到富人家讨饭。"滚开！"仆人说，"不要来打搅我们。"

乞丐说："我太冷了，我只想在你们的火炉旁把衣服烤干就行了。"仆人一想，这又不用给他东西，便让这个乞丐到厨房的火炉旁烤火。

乞丐把衣服烘干后，便对厨娘说："我可以借用一下你们的锅吗？我只想用锅煮一点儿石头汤。""石头汤？"厨娘说，"我想看看你怎样用石头煮汤。"她爽快地答应了。于是，乞丐到路上捡了块石头，洗净后放在锅里煮。

"可是，我总得放点盐吧。"他自然地说道。厨娘答应了他的要求，后来又在他一次次的要求下先后给了豌豆、薄荷和香菜，接着又把碎肉末放到了汤里。

最后，这个聪明的乞丐把石头从锅里捞出来，美滋滋地喝了一锅肉汤。

齐加尼克效应

如果能够正视工作中的压力，合理化解，便可消除紧张。

法国心理学家齐加尼克曾做过一个颇有意义的实验：他将自愿受试者分为两组，让他们去完成20项工作。其间，齐加尼克对一组受试者进行干预，使他们无法继续工作而未能完成任务，对于另一组则让他们顺利完成全部工作，实验得到了不同的结果。虽然所有受试者接受任务时都显现一种紧张的状态，但顺利完成任务者，紧张状态随之消失；而未能完成任务者，紧张状态持续存在，他们的思绪总是被那些未能完成的工作困扰，心理上的紧张压力难以消除。这种因工作压力导致的心理上的紧张状态被称为"齐加尼克效应"。

随着当代科学技术的飞速发展和知识信息量的增加，作为白领阶层的脑力劳动者，其工作节奏日趋紧张，心理负荷亦日益加重。特别是脑力劳动是以大脑的积极思维为主导的活动，一般不受时间和空间的限制，是持续且不间断的活动，所以紧张也往往是持续存在的。

林扬是天津某大学人力资源专业的毕业生，毕业后找到了一份薪酬不错的工作，他自己觉得很满意，家人也非常高兴。然而林扬工作了一段时间后，却变得日渐焦虑，有时甚至吃不下饭、睡不好觉，面对工作中的压力和挑战，他时刻处于紧张的状态。

生活中有些压力是良性的，它让我们振作。但来自我们感到自己无力控制的事物的压力，则往往导致齐加尼克效应的发生，使我们更疲劳。像林扬这样因工作压力大而时刻处于焦虑状态，就是一种不容忽视的现象。因此，我们必须学会克服压力所致的紧张，避免齐加尼克效应的干扰。

首先，适当安排计划。若所拟的工作计划不符合实际，便会遇到挫折而引起情绪紧张。有的心理学家建议，在工作进度表中，可安排一小段"时间"。每次到这段时间时，可利用它来完成先前未能做完的事情，或是着手下一步的工作安排。这样既有助于完成计划又能使自己感觉到能支配自己的工作，内心产生轻松感。

其次，真诚地对待他人。在与别人的交往中，应真诚坦荡，与人为善。虚伪不仅使别人厌倦，而且自己也会没有安全感，总是不自觉地猜想别人会不会得知真相，猜想别人是否在背后议论自己，并为此惶惶不安。这不仅会导致你与别人关系紧张，自己也会活得很累。

最后，对自己所面临的事物要有充分的思想准备。对其性质、内容、基本情况要有所了解，对其可能出现的各种情况和后果要有充分的预估。只有做到心中有数，才能遇事沉着，应对自如。

小　测　试
你的压力大吗？

请回想一下自己在过去一个月内是否出现下述情况：

1. 觉得手上工作太多，无法应付。

2．觉得时间不够用，所以要分秒必争。例如，过马路时闯红灯，走路和说话的节奏很快。

3．觉得没有时间消遣，终日记挂着工作。

4．遇到挫败时很容易发脾气。

5．担心别人对自己工作表现的评价。

6．觉得上司和家人都不欣赏自己。

7．担心自己的经济状况。

8．有头痛、胃痛的毛病，难以治愈。

9．需要借烟酒、药物、零食等抑制不安的情绪。

10．需要借助安眠药去协助入睡。

11．与家人、朋友、同事的相处令你烦躁。

12．与人交谈时，打断对方的话题。

13．躺在床上时思潮起伏，牵挂很多事情，难以入睡。

14．工作太多，不能每件事做到尽善尽美。

15．当空闲时轻松一下也会觉得内疚。

16．做事急躁、任性而事后感到内疚。

17．觉得自己应该享乐。

解析：

计分方法：从未发生计0分，偶尔发生计1分，经常发生计2分。

0～10分，精神压力程度低，但可能说明生活缺乏刺激，比较简单沉闷，个人做事的动力不高。

11～15分，精神压力程度中等，虽然某些时候感到压力较大，仍可应付。

16分或以上，精神压力偏高，应反省一下压力来源并寻求解决办法。

毛毛虫效应

毛毛虫习惯于固守原有的本能、习惯、先例和经验，而无法破除尾随习惯而转变方向去觅食。

法国昆虫学家法布尔曾经做过一个著名的实验，称之为"毛毛虫实验"：他把许多毛毛虫放在一个花盆的边缘处，使其首尾相接，围成一圈，在花盆周围不远的地方，撒了一些毛毛虫喜欢吃的松叶。

毛毛虫开始一个跟着一个，绕着花盆的边缘一圈一圈地走，一小时过去了，一天过去了，又一天过去了，这些毛毛虫还是夜以继日地绕着花盆的边缘转圈，一连走了七天七夜。直到一条饿昏的毛毛虫偶然跌落花盆，它们才得以脱离困境。

法布尔在做这个实验前曾经设想：毛毛虫会很快厌倦这种毫无意义的绕圈而转向它们比较爱吃的食物，遗憾的是毛毛虫并没有这样做。导致这种悲剧的原因就在于毛毛虫习惯于固守原有的本能、习惯、先例和经验。

后来，科学家把这种喜欢跟着前面的路线走的习惯称为"跟随者的习惯"，把因跟随而导致失败的现象称为"毛毛虫效应"。

再进一步，我们甚至可以说，我们人类也难逃这种效应的影响。比如说，在工作、学习和日常生活的过程中，对于那些"轻车熟路"的问题，会下意识地重复一些现成的思考过程和行为方式，因此，很容易产生思想上的惯性，也就是不由自主地依靠既有的经验，按固定思路去考虑问题，不愿意转个方向、换个角度想问题。

固有的思路和方法具有相对的成熟性和稳定性，有积极的一面。因为袭用前人的思路和方法，有助于人们进行类比思维，可以缩短和简化解决的过程，帮助人们更加顺利和便捷地解决某些问题。但与此同时，它的消极影响也不容忽视，那就是容易使人们盲目运用特定经验和习惯使用的方法，对待一些貌似而神异的问题，结果浪费了时间与精力，妨碍了问题的解决。而且长年累月地按照一种既定的模式思考问题，不仅容易使人厌倦，更容易麻痹人的创造能力，影响潜能的发挥。

毛毛虫实验对学校教育的启示是：时代在不断变化和发展，学生也在不断变化和发展，我们的教育教学等各方面工作不能禁锢于以往的僵化模式，而要不断地创新和与时俱进，从而能够适应时代变化以及学生的需求。唯有这样，我们的教育教学等各方面工作才能"百尺竿头，更进一步"。

毛毛虫那种毫无意义的绕圈所导致的悲剧还说明：我们不能只关注做了多少工作，还要关注做出了多少成果，也就是人们常说的效益问题。当我们的教育教学等各方面工作遭遇挫折或陷入停顿时，应该努力寻求突破。

当生活和工作遭遇挫折或陷入停顿时，我们也不能像毛毛虫那样做毫无意义的努力，而应该转变思路、另辟蹊径，以便更有技巧、更有效率地工作，从而达到事半功倍的效果。

小 贴 士
怎样摆脱跟随者的怪圈

　　毛毛虫总是习惯盲目地跟着前面的毛毛虫走，科学家称之为"跟随者的习惯"。商场上有这样的说法：同样的一桩生意，第一个做的是天才，第二个做的是庸才，第三个做的是蠢材，第四个做的人就要进棺材了。由此可见跟随者的悲哀。

　　因此，要想摆脱这种跟随者的怪圈，必须保持自己的个性，拥有自己独立的判断，决不能做一只温顺的羔羊，而要做一头狼。狼懂得合作，在狼群中有严明的秩序、自觉的纪律和明确的行动目标。同时，狼也有极强的生存能力，独行千里，仍能保持一定的危机预警力、攻击力和抗争力。

　　狼的这些特性，使它获得了陆地食物链中"最高终结者"的称号，人们在恐惧其凶残冷酷的同时，也不得不为其灵敏的危机处理能力和顽强的拼搏精神所惊叹。如果羊在保持其温和善良本性的同时，能够学一点儿狼的警惕、纪律、有目的性及应变能力、生存能力、抗争能力等，说不定就可以改变弱肉强食的命运，甚至可以获得胜利。

鲇鱼效应

人只有不断挑战自己,参与竞争,才能更快地成长和发展。安于现状,只会一事无成。

挪威人喜欢吃沙丁鱼,尤其是活鱼。市场上活鱼的价格要比死鱼高许多。所以渔民总是想方设法让沙丁鱼活着回到渔港。可是虽然经过种种努力,绝大部分沙丁鱼还是在中途因窒息而死亡。但有一条渔船总能让大部分沙丁鱼活着回到渔港。船长严格保守着秘密。直到船长去世,谜底才揭开。原来是船长在装满沙丁鱼的鱼槽里放进了一条以鱼为主要食物的鲇鱼。鲇鱼进入鱼槽后,由于环境陌生,便四处游动。沙丁鱼见了鲇鱼十分紧张,左冲右突,四处躲避,加速游动。这样沙丁鱼缺氧的问题就迎刃而解了,沙丁鱼也就不会死了。这样一来,一条条沙丁鱼活蹦乱跳地回到了渔港。这就是著名的"鲇鱼效应"。

鲇鱼效应是企业领导层激发员工活力的有效措施之一。它表现在两个方面:

1. 招纳新员工

企业要不断补充新鲜血液,把那些富有朝气、思维敏捷的年轻生力军引入职工队伍中甚至管理层，给那些故步自封、因循守旧的懒惰员工带来竞争压力，从而唤起"沙丁鱼"们的生存意识和竞争求胜之心。

2．引进新的元素

要不断地引进新技术、新工艺、新设备、新管理理念，这样才能使企业在市场大潮中搏击风浪，增强生存能力和适应能力。

许多人都知道草原上狼的例子。澳大利亚的一个大牧场上经常有狼群出没，这些狼常常吞噬牧民家养的羊。于是牧民求助政府和军队将狼群赶尽杀绝。政府下了一番功夫，命令军队消灭狼群。狼没有了，羊不再遭受狼的袭击，数量大增，牧民们对此非常高兴，认为预期的设想实现了。

可是，过了几年以后，牧民们却发现羊的繁殖能力大大下降，羊的数量锐减，并且新出生的小羊个个体弱多病，羊毛的质量也大不如前。牧民这才明白，失去了自己的天敌，羊的生存和繁殖基因也退化了。于是，牧民又请求政府再引进野狼，狼重新回到草原上，羊的数量又开始增加了。

对于人来说，也是一样的道理，不要总是想办法挤掉自己的竞争对手，正是因为有竞争对手的出现，我们才能不断地进步。

众所周知，老鹰是所有鸟类中最强壮的种族，动物学家的研究表明这可能与老鹰的喂食习惯有关。老鹰一次生下四五只小鹰，由于它们的巢穴筑得很高，猎捕回来的食物一次只能喂给一只小鹰吃，而老鹰的喂食方式并不是依照平等的原则，而是哪一只小鹰抢得凶就给它吃。在此情况下，瘦弱的小鹰因为吃不到食物都死了，只有凶狠的才能存活下来，并代代相传，老鹰一族越来越强壮。正是有了这种代代相传的不认输的竞争精神，老鹰才能成为鸟类中最强壮的种族。

当太阳升起时，非洲草原上的动物就开始奔跑，狮子知道，如果它跑不过速度最慢的羚羊就会饿死；羚羊也知道，如果它跑不过速度最快的狮子就会被吃掉。由此可见，如果一种动物没有竞争力，该种群自然要面临绝种的危险；同样，一个人如果没有竞争力，那么这个人无疑要准备接受被淘汰的考验。

机遇总是青睐那些时刻做好竞争准备的人，同时机遇也常常伴随着风险。老鹰的危机意识强烈，时刻保持着竞争势态、战斗状态，时刻准备着应对危机。结果，它们处理危机、应付风险的能力非常强，常能化险为夷，战胜对手。生活在这个充满竞争和机遇的社会上，每个人都要有竞争意识，通过广泛学习，增强自己的竞争实力，以竞争的心态时刻准备着接受各种挑战，做一个竞争中的强者。

小 故 事

懒洋洋的美洲豹

在秘鲁的国家级森林公园里，生活着一只年轻的美洲豹。

美洲豹是一种珍稀动物，为了保护它，公园专门辟出了一片森林作为它的领地，还精心设计和修建了豪华的房舍，好让它自由自在地生活。它的领地内还有成群的人工饲养的牛、羊、鹿供它尽情享用。

然而，让人感到奇怪的是，从没有人看见美洲豹去捕捉那些专门为它准备的动物。人们常看到它整天待在装有空调的房舍里，或打盹儿，或耷拉着脑袋，睡了吃、吃了睡，无精打采。

有人说它大约是太孤独了，若有个伴，或许会好些。于是公园又从哥伦比亚租来一只雌性美洲豹与它做伴，但结果还是老样子。

一天，一位动物行为学家到森林公园来参观，见到美洲豹那副懒洋洋的样子，便对管理员说："美洲豹是森林之王，在它所生活的环境中，不能只放上一群整天只知道吃草的动物。至少也应该放进去几只狼，否则它无论如何也提不起精神。"

管理员们听从了动物行为学家的意见。这一招果然奏效，这只美洲豹再也躺不住了，开始每天警觉地巡视自己的领地。

43 蝴蝶效应

一丝细小的不快或许就会导致一整天的郁闷心情，或许还会引起诸多烦恼，甚至还会引来一连串的厄运。

蝴蝶效应是气象学家罗伦兹于 1963 年提出来的。其大意为，一只南美洲亚马孙河流域热带雨林中的蝴蝶，偶尔扇动几下翅膀，可能在两周后引起美国得克萨斯州的一场龙卷风。其原因在于：蝴蝶翅膀的运动，导致其四周的空气系统发生变化，并引起微弱气流的产生，而微弱气流的产生又会引起它四周空气或其他系统产生相应的变化，由此引起连锁反应，最终导致其他系统的极大变化。此效应说明，事物发展的结果，对初始条件具有极为敏感的依赖性，初始条件的极小偏差，将会引起结果的极大差异。

让我们先来看看这样一则故事。某房地产公司的一名女职员在给老板送文件的时候不小心和一位同样拿着文件的律师撞了个满怀，把公司的文件弄得散落一地。律师在帮她捡散落在地上的文件时，不小心把一页文件夹到了自己的文件中。她的老板发现少了一份文件，于是狠狠地批评了她一通，她由于受不了老板的盛气凌人而突发心脏病。在她被送往医院的过程中恰逢一位明星去医院看望自己的朋友。这位明星被粉丝围在了医院门口要求签名，使得这位女士无法及时进入医院，延误了抢救时机。好不容易进了医院，又碰到一个缺乏经验的医生给她做手术，由于手术失误，这位女士最终失去了生命。

蝴蝶效应告诫我们：要注意微小的不良情绪，对其保持高度的敏感性，及时调整心态，否则可能酿成大的不良后果。

当然，蝴蝶效应对情绪也可产生积极的影响。古埃及流传着这样一个故事。一个小伙子听说有人说他的坏话，就愤愤不平去找人打架，路上走得口渴了，他便向路边小屋的主人要一杯水喝。主人热情好客，看他满头大汗，除了送水以外又递过来一条毛巾。他谢过主人走出屋外，主人又追出来送给他一把伞让他遮阳用。这个小伙子出门以后，豁然开朗，只走了几步就转头回家了。为什么？因为他对小屋主人的热情招待充满了感激，原来那充斥在他心中愤愤不平的心情被冲淡了，他不想为区区小事去拼命了。可能连小屋的主人都没想到，小小的一把遮阳伞——一个看似微不足道的善举，居然避免了一场可能发生的争斗。

蝴蝶效应的威力往往被人们忽视，因为这是一个看不见、摸不着的定律，但是如果你把这个定律运用到企业管理或自己的生活中，就会得到不可思议的发现。任何一个明智的领导都会走在时间的前面，思考很多没有发生但有可能发生的危机，这就是防微杜渐。因为他们知道，一些看似无足轻重的细节，却很有可能是造成企业崩盘的原因。

人生也是如此，一个看似微不足道的细节，其实有可能改变你的一生，这绝不是夸大其词。蝴蝶效应就在我们身边，时时刻刻影响着我们的生活。它可以改变世界，也可以改变我们的命运，这其中对细节的重视程度起着决定性的作用。

小 故 事

一张废纸带来的好运

　　林明是一名大学毕业生，一次，他去一家汽车公司应聘。和他同时应聘的三四个人都比他学历高，当前面几个人面试完之后，他觉得自己没有什么希望了。但既来之，则安之。他敲门走进了人事部办公室。一进办公室，他就发现地上有一张纸，便弯腰捡了起来，发现是一张废纸，顺手把它扔进了纸篓里。然后他才走到面试官的办公桌前，说："我是来应聘的林明。"

　　面试官说："很好，很好！林明先生，你被我们录用了。"林明惊讶地说："我觉得前几位都比我好，您怎么把我录用了？"面试官说："林明先生，前面几位应聘者的学历的确比你高，且仪表堂堂，但是他们的眼睛只能看见大事，而看不见小事。我认为像你这样能看见小事的人，将来自然能看到大事。一个只能看见大事的人，他会忽略很多小事，是不会成功的。所以，我才录用你。"

44 泡菜效应

环境可以造就一个人，也可以毁掉一个人；人也可以通过努力去改变环境，让自己生存的环境越来越好。

泡菜效应的含义是：同样的蔬菜在不同的水中浸泡一段时间后，将它们分开煮，其味道是不一样的。根据这个原理可知，人在不同的环境里，由于长期耳濡目染，其性格、气质、素质和思维方式等方面都会有明显的差别，这正如人们常说的"近朱者赤，近墨者黑"。泡菜效应揭示了环境对人的成长具有非常重要的作用。

譬如家庭环境对孩子的影响，甚至会决定孩子一生的价值取向，左右孩子对人生观、幸福观的评判标准。一个在父母的争吵打骂中成长起来的孩子，他的家庭观念会比较淡薄，对社会、对人生的理解也会比较偏激，容易对家庭、对社会缺乏责任感。而在一个温馨宽松的家庭气氛中成长起来的孩子，则会对家庭充满依恋，对社会、对人生的理解宽厚而平和，从而有更多的机会走向成功。

很多父母都认为自己给孩子买了许多课外书，而孩子就是不喜欢阅读，这完全是孩子自身的原因，殊不知这同父母本身有着密切的关系。

试想，一对父母如果自己从来不读书，把业余时间都用在了搓麻将、看电视或各种娱乐应酬上，那就不能给孩子起到带头作用，口说千次不如自己做一次榜样。假如每天晚上，父母陪着孩子一起阅读，一起进入书中的美妙世界，互相交流读书感悟，长期坚持不懈，父母就不愁自己的孩子不喜欢阅读了。

一个人无法选择出生于什么样的家庭，但争取怎样的生存环境和发展却是可以选择和为之奋斗的。

有个年轻人一直在苦苦寻找一种可以快速成功的方法，但很久都无果。一天，一个智慧的老婆婆拿了一块石头，让年轻人拿去菜市场门口叫卖，结果无人问津。年轻人很无奈地拿着石头回来找老婆婆，说石头一文不值；老婆婆让他拿到珠宝店门口去卖，结果有人出价30元钱，年轻人没卖；他又拿着石头再去问老婆婆，老婆婆说明天你再拿到外国人经常出入的文物商店门口去卖，结果一个日本游客愿意出价300元买这块石头。年轻人突然醒悟，原来同样的一块石头，放在不同的环境，其价值是不一样的。

泡菜效应还可以应用到学校的管理上，学校要重视校园硬环境和软环境的建设，重视通过良好的环境对学生潜移默化的教育。校园的硬环境主要是指校容校貌，它由校园的一草一木、一砖一瓦、一楼一台等建筑物构成；校园的软环境主要是指积极向上的学习风气、和谐的人际关系、民主的管理方法、严明的校纪校规、独特的校歌校训等。校园的硬环境和软环境，具有"润物细无声"的育人效果。为此，学校要努力让校园的硬环境整洁、优美、有序，让校园的软环境充分体现人文精神，蕴含丰富的教育因素，从而给学生诗情画意、温馨怡人的感受，发挥对学生启迪智慧、激发灵感、培育志向的作用。

同样，泡菜效应也可以应用到人际交往上，除去天生的人际关系，比如父母、亲戚，以及由这些所带来的各种便利之外，朋友是构成我们交往圈子的重要成分，也是影响我们的重要因素。由此可见交友的重要性。交了一个知己，多的不仅是一起吃喝玩乐的痛快或者遇到挫折时的安慰，也不仅是事业上的支持和帮助，更多的是人生旅途中难得的心灵伴侣。损友则会将你带向另一个极端，甚至灭亡。

---------- 小 故 事 ----------
孟母三迁的故事

　　战国的时候，有一个很伟大的大学问家叫孟子。孟子小的时候非常调皮，他的妈妈为了让他受到好的教育，花费了很多的心血。最初，他们住在墓地旁边。孟子就和邻居家的小孩一起学着大人跪拜、哭号的样子，玩办理丧事的游戏。孟子的妈妈看到了，就皱起眉头，说："不行！我不能让我的孩子住在这里了！"孟子的妈妈就带着他搬到市集旁边去住。

　　到了市集，孟子又和邻居家的小孩学起商人做生意的样子。一会儿鞠躬欢迎客人，一会儿招待客人，一会儿和客人讨价还价，表演得像极了！孟子的妈妈知道了，又皱皱眉头，说："这个地方也不适合我的孩子居住！"于是，他们又搬家了。

　　这一次，他们搬到了学校附近。孟子开始变得守秩序、懂礼貌、喜欢读书。看到孟子的变化，孟子的妈妈很满意地点着头说："这才是我儿子应该住的地方呀！"

45 态度效应

对别人的态度决定一个人的人际关系，对孩子的态度决定孩子将来的发展，对工作的态度决定一个人的业绩，对人生的态度则决定一个人的成败。

有一位心理学家和一位动物学家一起做过一个有趣的对比实验：在两间墙壁上镶嵌着许多镜子的房间里，分别放进两只猩猩。

一只猩猩性情温顺，它刚进到房间里，就高兴地看到镜子里面有许多"同伴"对自己的到来都报以友善的态度，于是它就很快地和这个新的"群体"打成一片，奔跑嬉戏，彼此和睦相处，关系十分融洽。直到三天后，当它被实验人员牵出房间时还恋恋不舍。

另一只猩猩则性情暴烈，它从进入房间的那一刻起，就被镜子里面的"同类"那凶恶的态度激怒了，于是它就与这个新的"群体"进行无休止的追逐和争斗。三天后，它是被实验人员拖出房间的，因为这只性情暴烈的猩猩早已因气急败坏、心力交瘁而死亡了。

心理学家把这种现象称为"态度效应"。

态度效应可以应用到家庭教育和学校教育上。面对成长中的孩子，父母和老师要真诚地热爱和关心孩子，要时时对他们报以友善、和蔼可亲的态度。因为大人的态度会成为孩子对待世界的态度，会激发孩子以成倍友善、和蔼可亲的态度回应自己的父母和老师。大人友善、和蔼可亲的态度和儿童回应的态度可以互相鼓舞彼此的精神、温暖对方的心房、滋养对方的心灵。

同样，一个人对工作的态度也是非常重要的，你对工作抱着什么样的态度，直接决定了你将拥有什么样的人生。

三个工人在砌一堵墙。有人过来问他们："你们在干什么？"第一个人抬起头苦笑着说："没看见吗？砌墙！我正在搬运那些重得要命的石块呢。这可真是累人啊……"第二个人抬起头苦笑着说："我们在盖一栋高楼。不过这份工作可真是不轻松啊……"第三个人满面笑容开心地说："我们正在建设一座新城市。我们现在所盖的这栋大楼未来将成为城市的标志性建筑之一啊！想到能够参与这样一个工程，真是令人兴奋。"

10年后，第一个人依然在砌墙；第二个人坐在办公室里画图纸——他成了工程师；第三个人则是前两个人的老板。可见，一个人的工作态度折射着他的人生态度，而人生态度决定一个人一生的成就。

态度效应在企业中也有很大的作用，优秀的企业领导是用"待人如待己"的黄金法则去对待员工的。员工才是企业真正宝贵的财富。在要求员工忠诚服务于公司的同时，自己有没有反省过，如何去做一个最佳的雇主？人与人之间的任何交往都是双向的，当领导从员工身上得到越多的时候，相应地，员工也会得到更多的机会和更好的待遇。

因此，正确处理好企业领导与员工之间的关系，真正建立起一种超越雇用、相互依存、相互信任、相互忠诚的合作伙伴关系，员工才会乐于为企业卖力。这带给企业的是发展，带给员工的是成功，有助于双方更好地走向未来、赢得明天。

人与人之间相处时,态度也很重要。与人相处中你诚恳待人、忠厚待人,就像对待亲人一样,实实在在,没有虚情假意,这样别人才能信任你,才愿意和你交往,从而建立起真挚的友情,开出友谊之花。

现实生活中,我们不可能对任何人都做到"把别人当成自己"。但你认为值得交往的朋友,你希望建立的真正友谊,真的需要拿出你的赤诚,拿出你的真心,拿出你的热情去对待朋友。这样的交往才是真挚的、恒久的、经得起考验的。说到底,把别人当成自己,讲的是真情实意。

---------- 小 测 试 ----------

测测你对人生的态度

如果你要出版第一本摄影集,你会选择什么样的主题背景?

A. 夜景

B. 人文景观

C. 美女

D. 自然风景

解析:

选A:在这个世界上,你最爱的人就是你自己。有些时候,你不愿意见到罪恶的一面,便在心中构造一个完美的乌托邦世界,只要一遇到不顺心的事,马上就躲回那个完美无瑕的想象空间。像是活在梦幻中的人,有点儿不切实际。

选B:你宽广的胸襟总是能考虑到所有人,将社会责任扛在自己身上,期望自己能改善整个环境。你不会独善其身，常常会想到其他苦难的同胞，但也因为你身上有足够充沛的能量，才能够不停地付出，这也算是不错的表现。

选C：你爱好一切享乐，只要是可以让人开心的东西，你一定是最先知道，也最快将这个信息散播出去。不希望大家活得太辛苦、太严肃，人生不过数十载，与其和别人勾心斗角、争名夺利，还不如自己去玩儿更潇洒。

选D：你对人生感到有点儿无奈，好像很多时候都不尽如人意，你希望自己能够突破现状，也一直朝着目标努力。只是一旦碰到挫折，不免要伤心好一阵子才能振作，怀才不遇是你的最佳写照。

46 皮格马利翁效应

每个人都会不同程度地受到他人或自己的暗示。如果这些暗示是积极的，你便能获得积极的影响；如果这些暗示是消极的，你的行动自然也会受到消极的影响。

在古希腊神话中，有这样一个故事：塞浦路斯的国王皮格马利翁爱上了自己亲手刻的一个少女的雕塑，并且希望自己的爱能被接受，希望这个雕塑活过来。他这种真挚的爱情和真切的期望感动了爱神阿佛洛狄忒，于是她就给了雕像以生命，让皮格马利翁的幻想变成了现实。皮格马利翁效应最初的雏形由此而来。

上面的故事虽然是个传说，但它却指引人们从中发现了一个现象——暗示对人的精神有着强大的作用。暗示是一种神奇的力量，但它既不是迷信，也不是特异功能，它是人们心理作用的结果。一个人如果反复对自己说同一句话，不管这一句话真假对错，最后他都会相信，这就像谎言说了千遍会成为真理一样。如果一个人不断地接受"你行"这样的暗示，长久之后，"你行"的念头会在他心里扎根，让他备受鼓舞；如果一个人不断地接受"你不行"的暗示，即使这是一句谎言，长久之后，他也会觉得自己确实不行。

暗示是一种强大的力量，每个人都会不同程度地接受别人或者自己的暗示，会对自己喜欢、钦佩和崇拜的人讲的话非常信任，这样的一个人对你的评价或许会直接影响你的价值观。进一步而言，自信就是对自己最有效的暗示，正如人们所说的："说你行你就行，不行也行；说你不行你就不行，行也不行。"只看你怎么对待自己。如果你充满自信，认为自己行，那么你一定行；如果你没有自信，认为自己不行，那你一定不行。

很多人在欣赏别人的时候，一切都好；而审视自己的时候，却总是很糟。其实并不是这样，任何一个人都有自己的优点，就像一个诗人说的："不要总看别处的风景，其实你也是一片风景，也有阳光，也有空气，也有寒来暑往，甚至有别人未曾见过的一株春草，甚至有别人未曾听过的一阵虫鸣……"

很多时候，我们从别人那里得不到积极的暗示，但是我们可以给自己一些积极的暗示。或许我们取得的成绩很小，或许它只是减肥时期的你比昨天少吃了一个馒头，抑或是锻炼意志时期的你比昨天多完成了一项任务……这些小小的成绩在别人看来根本不值得赞美，但是没关系，不要吝啬你的赞美之词，把它说出来，甚至喊出来，因为任何大的成就都是由小的成绩积累而成的，任何大的赞美也都是由小的赞美积累而成的。

你也许有过这样的经历，本来自己精心打扮了一番，穿了一件自认为很漂亮的衣服去上班，结果好几个同事都说不好看。当第一个同事说的时候，你可能还觉得只是他的个人看法，但是说的人多了，你可能就真开始怀疑自己的判断力和审美眼光了。于是下班之后，你回家做的第一件事就是把衣服换下来，并且决心再也不穿它去上班了。

通过皮格马利翁效应我们可以知道，暗示对人们的作用是非常巨大的，它对人的改变是在潜移默化中完成的。最好的暗示来自自己，我们要善于发现自己身上的优点，要善于表扬自己每一个小小的成绩，这样就能积小成绩成大成就，最后实现自己美好的愿望。

小　故　事
一句话改变人生

汤姆出生在芝加哥的一个贫民窟，在这里出生的孩子，长大后很少有人获得体面的职业。汤姆小时候，和在那里出生的其他人一样，顽皮、逃课、打架、斗殴，无所事事，令人头疼。按照他的发展趋势，他未来很有可能变成一个流氓或者社会的败类。

幸运的是，汤姆当时所在的小学来了一位好校长。有一次，当调皮的汤姆从窗台上跳下，伸着小手走向讲台时，校长拉过他的手说："我一看就知道，你将来也会成为一位校长。"

校长一句不经意的期许，对他触动很大，汤姆从此记下了这句话。他一遍又一遍地告诉自己，我以后是校长，和他们不一样。他开始严格要求自己，说话时不再夹杂污言秽语，开始挺直腰杆走路，因此很快成了班里的班长。

20多年来，他没有一天不是以校长的标准来要求自己，终于在35岁那年，他真的成了一所中学的校长。

47 巴纳姆效应

别人谁也不能做你的镜子,只有自己才是自己的镜子。拿别人做镜子,白痴或许会把自己照成天才。

在日常生活中,我们既不可能每时每刻去反省自己,也不可能总把自己放在局外人的位置来观察,于是只能借助外界信息来认识自己。正因为如此,每个人在认识自我时很容易受外界信息的暗示,迷失在环境当中,并把他人的言行作为自己行动的参照。

巴纳姆效应指的就是这样一种心理倾向,即人很容易受到来自外界信息的暗示,从而出现自我认知的偏差,认为一种笼统的、一般性的人格描述十分准确地揭示了自己的特点。

这个效应是以一位广受欢迎的著名魔术师肖曼·巴纳姆来命名的,他曾经在评价自己的表演时说,他的节目之所以受欢迎,是因为节目中包含了每个人都喜欢的元素,所以每一分钟都有人上当受骗。现实生活中这样的例子也很多。

许多中学生对星座都到了迷恋甚至信仰的程度,迷恋的原因就是中学生错误地认为那些星座解说对命运和性格的分析让人感同身受。其实,手相学、面相学、星相学都是伪科学，而这种"感同身受"其实是巴纳姆效应在作祟。在一个经典的心理学实验中，测试者面对自己总结的结果和综合大多数人的回答得出的结果，竟然都认为后者更准确地表达了自己的人格特征。

这样的误导，在算命先生算命时也有体现。很多人请教过算命先生后都认为算命先生说得"很准"。其实，那些求助于算命的人本身就有易受暗示的特点。当人的情绪处于低落、失意的时候，对生活失去控制感，于是安全感也受到影响。一个缺乏安全感的人，心理的依赖性也大大增强，受暗示性就比平时更强了。加上算命先生善于揣摩人的内心感受，稍微表现出对求助者的理解，求助者立刻会感到一种精神安慰。算命先生接下来再口若悬河地说些无关痛痒的话便会使求助者深信不疑。

那么，怎样才能避免巴纳姆效应，客观地认识自己，自己做自己的镜子呢？

首先，要学会面对自己。有很多人只愿意向别人提及自己的优点，而隐藏自己的缺点。殊不知，不敢正视自己的缺点，是不能客观全面地面对自己的。

其次，培养收集信息的能力和敏锐的判断力也是必不可少的。从别人的口中获知自己做得好不好，然后再加上自己敏锐的判断力，就很容易知道自己哪些地方做得好，哪些是自己的缺点，有待于改进。

最后，以人为镜，通过与自己身边的人在各方面的比较来认识自己。在比较的时候，对象的选择至关重要。找不如自己的人做比较，或者拿自己的缺陷与别人的优点比，都会失之偏颇。因此，要根据自己的实际情况，选择条件相当的人做比较，找出自己在群体中的合适位置，这样认识自己，才比较客观。

小 故 事
以己为镜

鲍勃小时候是个十分贪玩的孩子,他的母亲常常为此忧心忡忡。母亲的再三告诫对他来说如同耳旁风。直到16岁那年的秋天,一天上午,父亲将正要去河边钓鱼的鲍勃拦住,并给他讲了一个故事。

父亲说,"昨天我和咱们的邻居杰克大叔去清扫南边的一座大烟囱,那烟囱只有踩着里面的钢筋踏梯才能爬上去。你杰克大叔在前面,我在后面。我们抓着扶手一级一级地终于爬了上去,下来时,你杰克大叔依旧走在前面,我还是跟在后面。后来,钻出烟囱,我们发现了一件奇怪的事情:你杰克大叔的后背、脸上全被烟囱里的烟灰蹭黑了,而我身上竟连一点儿烟灰也没有。"

鲍勃的父亲继续微笑着说:"我看见你杰克大叔的模样,心想我一定和他一样,脸脏得像个小丑,于是我就到附近的小河里去洗了又洗。而你杰克大叔呢,他看我钻出烟囱时干干净净的,就以为他也和我一样干干净净的,只草草地洗了洗手就上街了。结果,街上的人都笑破了肚子,还以为你杰克大叔是个疯子呢。"

鲍勃听罢,忍不住和父亲一起大笑起来。父亲笑完,郑重其事地对他说:"其实,别人谁也不能做你的镜子,只有自己才是自己的镜子。拿别人做镜子,白痴或许会把自己照成天才。"

鲍勃听完,顿时满脸愧色。

他从此离开了那群顽皮的孩子,并时时以己为镜,审视和反省自己。

48 边际效应

消费者在逐次增加一个单位消费品的时候，虽然带来的总效用仍是增加的，但是带来的单位效用却是逐渐递减的。

我们向往某事物时，情绪投入得越多，第一次接触到此事物时的情感体验也越强烈，然而，第二次接触时会淡一些，第三次会更淡……以此发展，接触该事物的次数越多，我们的情感体验也越淡漠，一步步趋向乏味。这就是所谓的"边际效应"。

边际效应的应用非常广泛。比如说在饥饿的时候，给你拿了一盘烙饼，你吃了5块后吃饱了，剩下几块烙饼不想浪费，但吃起来觉得是负担，而不是满足的感觉了。物质消费达到了一定的程度，人们就开始对这种重复的消费产生一种厌倦的心理。

在生活中，我们可以看到许多同样的例子。这有两个原因：第一，你吃饱后在生理上不需要了；第二，你吃腻后在心理上也受够了。你希望有个机会表达自己的其他愿望。

同样，父母在教育孩子时，第一次批评孩子，孩子会接受你的批评，当你第二次用同样的方式批评孩子，孩子就会有点儿厌烦了，接着第三次、第四次……也许孩子根本不会听你的，甚至对着你喊："能不能换几句话啊！我都听烦了。"

爱情的边际效应也是递减的。青少年时期，我们就像走在干涸的沙漠中，极度需要爱的滋润。如果给你一杯水，你会非常感激，因为久旱遇甘霖；再给你一杯，你仍然十分高兴，因为你还很需要，可是那种需要不像刚才那么强烈了；给你第三杯，你能喝下，只是不那么需要了；再给你第四杯、第五杯……要你喝下，估计你就不是那么情愿，反而有点儿厌倦甚至反胃，爱情的感觉与此十分相似。

在请客吃饭时也要注意边际效应的应用。倘若点了一大堆菜，结果吃不了，不免是极大的浪费。当然，一大堆人下馆子，最多只是有花多少钱的预算，至于点多少菜就没有预估了。如果不是很熟悉大家的饭量，点菜是无法恰到好处的。一来不好意思问各人能吃多少，二来即使可以这样做，饭量这东西有很大的随意性，也是很不好把握的。到底有没有一个既不麻烦又行之有效的方法来减少这种浪费呢？

有一个故事说顾恺之吃甘蔗，总是先吃甘蔗的上端，再慢慢地往下端吃。别人问他为什么这样吃，他说："这就叫渐至佳境。"他所谓的"渐至佳境"，就是我们今天所说的边际效应。于是，有人把这边际效应套用到了餐桌上，得出了既不麻烦又行之有效的减少浪费的方法。比如说，上菜时先上自己不太爱吃的菜，把边际效应递减的程度降低，吃到最后一道自己最爱吃的菜，自然无论如何也会吃下去了。

小 故 事
生活中的边际效应

张三去买烟,花费 40 元,但他没有火柴,就跟店员说:"顺便送一盒火柴吧。"店员没给。李四也去买烟,烟同样是 40 元,他也没有火柴,跟店员说:"便宜一元钱吧。"最后,他用这一元钱买了一盒火柴。

这是最简单的心理边际效应。第一种情况:店主认为自己在一件商品上赚钱了,另外一件没赚钱。赚钱感觉指数为 1。第二种情况:店主认为两件商品都赚钱了,赚钱指数为 2,当然倾向于这种做法了。

同样,这种心理还表现在"买一送一"的花招上。顾客认为有一样东西不用付钱,就赚了,其实都是心理边际效应在作怪。

通常很多事情换一种做法,结果就不同了。人生道路上,改善心智模式和思维方式是很重要的。

49 过度理由效应

如果一开始就是为了得到报酬而努力，那么一旦这种报酬没有了，人也就不会继续努力了。

过度理由效应是指，如果最初自己在有内在兴趣的活动中能得到奖励，一旦这种外加的奖励取消，人们对这种活动的兴趣就会下降，从而减少乃至终止从事这项活动的现象。

过度理由效应是由心理学家德西发现的。1971年，德西和他的助手使用实验方法，很好地证明了过度理由效应的存在。他以大学生为实验对象，请他们分别单独解决智力测验问题。

实验分为三个阶段：第一阶段，每个被试者自己解题，不给他们奖励；第二阶段，被试者分为两组，奖励组的被试者每解决一个问题就会得到一美元的报酬，无奖励组的被试者则没有报酬；第三阶段，自由休息时间，被试者想做什么就做什么。实验的目的在于考察被试者在不同情况下是否会维持对解题的兴趣。

结果发现，与奖励组的被试者相比较，无奖励组的被试者休息时仍在继续解题，而奖励组的被试者虽然在有报酬时解题十分努力，而在不能获得报酬的休息时间，明显失去对解题的兴趣。第二阶段时的金钱奖励，造成明显的过度理由效应，使奖励组的被试者用获取奖励来解释自己解题的行为，从而使自己原来对解题本身感兴趣的态度出现了变化。到第三阶段，一旦失去奖励，对态度已经改变的被试者来说，没有奖励也就没有了继续解题的理由；而无奖励组的被试者对解题的兴趣，没有受到过度理由效应的削弱，因而他们在第三阶段仍继续着对解题的热情。

在日常生活中，我们常有这样的体验：亲朋好友帮助我们，我们不觉得奇怪，因为"他是我的亲戚""他是我的朋友"，理所当然他们会帮助我们；但是如果一个陌生人向我们伸出援手，我们就会认为"这个人乐于助人"。

一名少年因为受到了妈妈的批评，赌气离家出走了。他在外面待了一整天，又冷又饿。傍晚时分，他来到一个老婆婆开的小吃店，老婆婆看到他，就给他端了一碗馄饨和一份小笼包。男孩眼巴巴地望着热气腾腾的食物，小声说："我没带钱。"老婆婆说："没关系，这些是婆婆送给你的。孩子，这么晚了，你怎么不回家啊？你妈妈会着急的。"男孩倔强地说："她才不会着急呢！白天还是她把我赶出来的呢！"男孩吃完了饭，对老婆婆说："奶奶，你真好，我妈妈要像你一样就好了。"老婆婆语重心长地对他说："我只是让你吃了一顿饭，你就对我感激不尽，你妈妈养育了你这么多年，你怎么就不知道感激她呢？"

男孩听了老婆婆的话后羞愧难当，当即决定回家找妈妈，不让妈妈再为他担心了。当他快到家时，看到妈妈正在家门口焦急地张望，见到他时，妈妈急忙抱住他，母子俩都很激动。

同样，在家庭生活中，妻子和丈夫常常无视对方为自己所做的一切，因为"这是责任"和"这是义务"，而不是因为"爱"和"关心"；一旦外人对自己做出类似的行为，则会认为这是"关心"，是"爱的表示"。

之所以会有这么大的差别，就是因为社会心理学上所说的过度理由效应。每个人都力图使自己和别人的行为看起来合理，因而总是为行为寻找理由，一旦找到足够的理由，人们就很少再继续找下去，而且在寻找理由时，总是先找那些显而易见的外在原因，因此，如果外部原因足以对行为做出解释时，人们一般就不再去寻找内部的原因了。

小 故 事
冰激凌影响了汽车发动

一天，一个客户写信给美国通用汽车公司的技术部门，抱怨道：他家习惯每天在饭后吃冰激凌。最近买了一辆新的庞蒂克车后，每次只要他买的冰激凌是香草口味的，从店里出来车子就启动不起来。但如果买的是其他口味，车子启动就很顺利。

技术部派一位工程师去查看究竟，发现确实是这样。这位工程师当然不相信这辆车子对香草口味的冰激凌过敏。他经过深入了解后得出结论，这位车主买香草口味的冰激凌所花的时间比其他口味的要少。原来，香草冰激凌最畅销，为便利顾客选购，店家就将香草口味的特别陈列在单独的冰柜里，并将冰柜放置在店的前端；而将其他口味的冰激凌放置在离收银台较远的地方。

深入查究，发现问题出在"蒸气锁"上。当这位车主买其他口味的冰激凌时，由于时间较长，引擎有足够的时间散热，重新发动时就没有太大的问题。买香草冰激凌时由于花的时间短，引擎无法让"蒸气锁"有足够的散热时间，导致车子无法启动。

50 反馈效应

及时对活动结果进行评价，能强化活动的动机，对工作起到促进作用。

"反馈原理"是物理学中的一个概念，是指把放大器的输出电路中的一部分能量送回输入电路中，以增强或减弱输入讯号的效应。心理学借用这一概念，以说明学习者对自己学习结果的了解，而这种对结果的了解又起到了强化作用，促使学习者更加努力学习，从而提高学习效率。这一心理现象称作"反馈效应"。

下面是一个著名的关于反馈效应的心理实验。

罗西和亨利把一个班的学生分为三组，每天学习后就进行测验。对于第一组学生，罗西和亨利每天都把测验的结果告诉他们；对于第二组学生只是每周告诉他们一次，而对于第三组则一次也不告诉。如此进行了8周的教学。然后改变做法，第一组与第三组对调，第二组不变，也同样进行了8周教学。结果除第二组稳步地前进，继续有常态的进度外，第一组与第三组的情况大为转变：第一组的学习成绩逐步下降，而第三组的成绩则突然上升。

这说明，及时知道自己的学习成果对学习有非常重要的促进作用，并且及时反馈比远时反馈的效果更大。

在反馈时,要正确运用鼓励和批评。鼓励和批评都是基本方式,不能偏废。鼓励很重要,但不能夸大其词。对错误和问题的批评要及时、慎重,不能讥笑和嘲讽对方。要想使鼓励和批评收到实效,关键在于要理解和尊重对方,凭敏锐的感觉和沟通的智慧对症下药。

及时反馈是一种非常重要的个人素质。这种素质在我们小时候就已经被灌输,那就是父母经常告诉我们要让大人放心,推而广之,能够让别人省心且让别人放心的人肯定会受人欢迎。这种人领导愿意下放权力给他,因为他会及时反馈,做得好或者不好,老板心里随时有数。这让老板觉得有掌控感,不用担心;而这种人在与老板的沟通中也会获益良多,老板会愿意教给他很多东西。当然这种及时反馈也要给个人和老板都留点空间,这样个人才能更积极地发挥主观能动性。

老师在教学的过程中也要注意及时给学生反馈信息。实践证明,每当学生完成测验,他们最关心的就是测验结果正确与否,但是这种关心程度将随着时间的推移而逐渐减弱。因此,老师要抓住时机,利用学生对测验印象最鲜明、最清晰的时候进行反馈,让学生及时了解自己的学习成果,能起到事半功倍的效果。

其实,反馈不只是为了知道谁对谁错,即使对了,也不见得运用的是同一种解题思路。所以,除了测验的反馈还应对学生的学习状况做进一步的了解,使教学更具有针对性,让每个学生都能在自己原有的认知水平上有所提高。还应该培养学生养成自我检验的习惯,让他们掌握一定的检查方法,提高自我反馈的意识和能力。

同样,信息反馈对于传播者也是至关重要的,他们决定着传播内容的编辑、调整。同时受者也会在交流中取得自己所需。重视传播中的信息反馈，就要研究其传播原理和具体方法，从而真正架起传者、受者之间的桥梁，让传播尽量朝良性方向发展。

在日常的学习和工作过程中，我们一定要及时地进行自我反馈，避免毫无目的地学习和工作。不了解自己的学习成果、学习方式以及工作状况，对提高自己的成绩或业绩是非常不利的。要认真对待老师或者领导对自己的评价，了解自己的不足，及时改正错误，明确努力的目标和方向，不断完善自我。

---------- 小 故 事 ----------

关于松下幸之助的小故事

有一次，素有"经营之神"之称的日本松下电器总裁松下幸之助在一家餐厅招待客人。一行六人都点了牛排，等六个人都吃完主餐，松下幸之助让助理去把烹调牛排的主厨请过来。他还特别强调："不要找经理，找主厨。"助理注意到，松下的牛排只吃了一半，心想一会儿的场面可能会很尴尬。

主厨来时很紧张，因为他知道叫他的客人是大名鼎鼎的松下先生。他紧张地问道："是不是牛排有什么问题？"松下略带歉疚地说："牛排很美味，但是我只能吃一半。原因不在于厨艺，牛排真的很好吃，你是位非常出色的厨师，但我已经80岁了，胃口大不如前。"

主厨与在场的其他人都困惑得面面相觑，松下接着说："我想当面和你谈，是因为我担心，当你看到只吃了一半的牛排被送回厨房时，心里会难过。"在这里，松下幸之助所运用的，就是及时反馈的技巧。

51 幽默效应

幽默是一种特殊的情绪表现。它是人们适应环境的工具，是人类面临困境时减轻精神和心理压力的方法之一。

幽默对我们心理上的影响很大，它使生活充满情趣。哪里有幽默，哪里就有活跃的气氛。谁都喜欢与谈吐不俗、机智风趣者交往，而不喜欢和郁郁寡欢、孤僻离群的人相处。

幽默能缓解矛盾，使人们融洽和谐。生活中，人与人之间常会发生一些摩擦，有时甚至剑拔弩张，弄得不可收拾，而一个得体的玩笑，往往可使双方摆脱窘困的境地。

据说，幽默大师萧伯纳一天在街上散步时，一辆自行车冲他驶来，双方躲闪不及，都跌倒了。萧伯纳笑着对骑车人说："先生，你比我更不幸，要是你再使点儿劲，那就要作为撞死萧伯纳的好汉而名垂青史了！"两人握手道别，没有丝毫难堪。

幽默使得批评教育的效果更好。有位诗人说过："幽默是教育最主要的、第一位的帮手。幽默往往要比单纯的训斥或嘲弄更容易使人开窍。"

恩格斯认为，幽默是具有智慧、教养和道德上的优越感的表现。列宁也说："幽默是一种优美的、健康的品质。"幽默表达了人类征服忧愁的能力，它令人如沐春风、神清气爽、困顿全消。在人的精神世界里，幽默感实在是一种丰富的养料。

俄国文学家契诃夫说过："不懂得开玩笑的人，是没有希望的人。"可见，每个人在生活中都应当学会幽默。多一点儿幽默，少一点儿气急败坏。幽默可以淡化人的消极情绪，消除沮丧与痛苦。具有幽默感的人，生活充满情趣，许多看起来令人痛苦烦恼之事，他们却应对得轻松自如。用幽默来处理烦恼与矛盾，会使人感到和谐愉快，相融友好。

那么，怎样培养自己的幽默感呢？

首先，领会幽默的内在含义，机智而又敏捷地指出别人的优点或缺点，学会在微笑中加以肯定或否定。幽默不是油腔滑调，也非嘲笑或讽刺。正如有位名人所言："浮躁难以幽默，装腔作势难以幽默，钻牛角尖难以幽默，捉襟见肘难以幽默，迟钝笨拙难以幽默，只有从容、平等待人、超脱、游刃有余、聪明透彻才能幽默。"

其次，人际交往中，在人前蒙羞，处境尴尬时，用自嘲来对付窘境，不仅能很容易找到台阶，而且大多会产生幽默的效果。所以自我解嘲，自己逗一下自己，自己先笑起来，是一种很高明的脱身手段。

传说古代有个石学士，一次骑驴时他不慎摔在地上，一般人一定会不知所措，可这位石学士不慌不忙地站起来说："幸好我是石学士，要是瓦的，还不得摔成碎片？"一句妙语，逗得在场的人哈哈大笑，自然这位石学士也在笑声中免去了难堪。以此类推，一位胖子摔倒了，可说："如果不是这一身肉托着，还不得把我骨头摔折了？"换成瘦子，又可说："要不是重量轻，这一摔就成了肉饼了！"

在社交中，当你陷入尴尬的境地时，借助自嘲往往能使你从中体面地脱身。在一次招待会上,服务员在倒酒时,不慎将啤酒洒到一位宾客的秃头上。服务员吓得手足无措,全场人目瞪口呆。这位宾客却微笑着说:"老弟,你以为这种治疗方法会有效吗?"在场的人闻声大笑,尴尬局面即刻被化解了。这位宾客借助自嘲,既展示了自己的大度胸怀,又维护了自己的尊严,消除了尴尬。

由此可见,适时适度地自嘲,不失为一种良好修养、一种充满魅力的交际技巧。自嘲,能制造宽松和谐的交谈气氛,能使自己活得轻松洒脱,使人感到你的可爱和人情味,有时还能更有效地维护面子,建立起新的心理平衡。

---------------------------------- 小 故 事 ----------------------------------

幽默的毕加索

毕加索出名以后,仿作他的画的人与日俱增,一时弄得他在市面上的画作真假难辨。

一天,一个专门贩卖艺术品的商人见到了毕加索的壁画《和谐》,他对画面所表现的内涵十分不解。为了充分了解毕加索的绘画风格,谨防上当,他专程带了另一幅签有毕加索名字的画来求教毕加索。

商人开门见山地问:"为什么在你的壁画《和谐》中,鱼在鸟笼里,鸟反而在鱼缸里呢?"

毕加索不假思索地答道:"在和谐中一切都是可能的。"

这时,商人取出那幅画,想证实一下这幅画是不是毕加索的真迹。毕加索向那幅画瞥了一眼,轻蔑地说道:"冒牌货。"

通过这次会面，商人似乎领略了毕加索绘画的奥秘，于是，事隔不久，商人又兴冲冲地拿了一幅号称毕加索真迹的画来找毕加索，问他这幅画是真是假，毕加索看也没看便答道："冒牌货！"

"可是，先生，"商人顿时急了，大声喊叫道，"这幅画可是你不久前亲笔画的，当时我在场！"

毕加索微笑着耸耸肩，说："我自己有时也画冒牌货。"

52 习惯效应

习惯对我们有着极大的影响，因为它是一贯的，在不知不觉中，经年累月地影响着我们的行为，影响着我们的效率，左右着我们的成败。

有位动物学家做过一个实验。他将一群跳蚤放入实验用的大量杯里，杯子上面盖了一片透明的玻璃。跳蚤生性爱跳，于是很多跳蚤都撞上了玻璃，不断地发出叮叮咚咚的声音。过了一阵子，动物学家将玻璃片拿开，竟然发现所有跳蚤依然在跳，只是都已经将跳的高度保持在接近玻璃即止，以避免撞到自己。结果没有一只跳蚤能跳出杯子——以它们的能力不是跳不出来，只是它们已经适应了环境。

人类对于环境也是如此。人类在适应外界大环境的同时，又创造出适合自己的小环境，然后习惯于把自己困在自己所创造的环境中。所以，习惯决定着一个人活动空间的大小，也决定着一个人的成败。养成好习惯对于一个人的成功非常重要。

有这样一个故事，一对父子住在山上，每天都要赶牛车下山卖柴。父亲较有经验，坐镇驾车，山路崎岖，弯道特别多，儿子眼神较好，总是在要转弯时提醒道："爹，该转弯啦！"

有一次父亲因病没有下山，儿子一人驾车。到了弯道，牛怎么也不肯转弯，儿子用尽各种方法，下车又推又拉，还用青草诱惑牛，但是牛始终一动不动。到底是怎么回事？儿子百思不得其解。最后只有一个办法了，他环顾左右看看附近有没有人，贴近牛的耳朵大声叫道："爹，该转弯啦！"牛应声而动。

牛凭借条件反射的方式干活，而人则凭借习惯来安排生活。一个成功的人懂得如何培养好的习惯来代替坏的习惯，当好的习惯积累多了，自然会有一个好的人生。

可见，习惯对我们有着很大的影响，一个人一天的行为中，大约只有5%是属于非习惯性的，而剩下的95%的行为都是习惯性的。即便是打破常规的创新，最终也可以演变成习惯性的行为。

亚里士多德说："人的行为总是一再重复。因此，卓越不是单一的举动，而是习惯。"所以，在获得成功的过程中，除了要不断激发自己对成功的欲望，要有信心、有热情、有意志、有毅力之外，还应该搭上习惯这一通往成功的快车，实现自己的目标。

好习惯是成功的基石，好习惯是成功的阶梯。一个人要想在事业上取得成功，就必须养成良好的习惯。

1978年，75位诺贝尔奖获得者在巴黎聚会。有人问其中一位："你在哪所大学、哪所实验室里学到了你认为最重要的东西？"

出人意料的是，这位白发苍苍的学者答道："是在幼儿园。"那人又问："在幼儿园里学到了什么呢？"

学者答道："把自己的东西分一半给小伙伴们；不是自己的东西不能拿；东西要放整齐；饭前要洗手，午后要休息；做错了事要表示歉意；学习要多思考，要仔细观察大自然。从根本上说，我学到的全部东西就是这些。"这位学者的回答代表了与会科学家的普遍看法：成功源于良好的习惯。

根据行为心理学的研究结果：对于任意一个行为，3周以上的重复会形成习惯；3个月以上的重复会形成稳定的习惯，即同一个动作，重复3周就会变成习惯性动作，重复3个月就会形成稳定的习惯。如果你还在为自己不能及时完成某些事情而发愁，你不妨在3周内坚持每天重复这个行为，然后再努力坚持3个月，如此一来，你就会把完成这个行为变成稳定的习惯。

小 故 事

科学家巴雷尼的故事

巴雷尼小时候因病成了残疾，母亲的心就像刀绞一样，但她还是强忍住自己的悲痛。她想，孩子现在最需要的是鼓励和帮助，而不是妈妈的眼泪。母亲来到巴雷尼的病床前，拉着他的手说："孩子，妈妈相信你是个有志气的人，希望你能用自己的双腿，在人生的道路上勇敢地走下去！"

母亲的话像铁锤一样撞击着巴雷尼的心扉，他"哇"的一声，扑在母亲怀里大哭起来。从那以后，妈妈只要一有空，就帮巴雷尼练习走路、做体操，她常常累得满头大汗。有一次妈妈得了重感冒，她想，做母亲的不仅要"言传"，而且还要"身教"。尽管发着高烧，她仍然坚持按计划帮助巴雷尼练习走路。黄豆般大小的汗水从妈妈的脸上淌下来，她用毛巾擦过后，咬紧牙，硬是帮巴雷尼完成了当天的锻炼计划。

体育锻炼弥补了残疾给巴雷尼带来的不便。母亲的榜样作用，更是深深教育了巴雷尼,他终于经受住了命运给他的严酷打击。他刻苦学习,学习成绩一直在班上名列前茅。最后,他以优异的成绩考进了维也纳大学医学院。大学毕业后,巴雷尼以全部精力,致力于耳科神经学的研究。他最终登上了诺贝尔生理学或医学奖的领奖台。

53 过度完美效应

追求完美其实是一种普遍的心态，也不能说是错误的。但凡事有个度，如果在追求完美的过程中行为过于生硬，不懂得变通，就成了完美主义者。

心理学家经研究证明，完美主义者可能获得成功的机会反而比较少。开始的时候，他们因担心失败而辗转不安，于是全力以赴去取得成功；遭遇失败之后，他们就异常焦虑、沮丧和压抑，想尽快从失败的境遇中挣脱出来，但他们并没有真正在失败中吸取教训，想的只是如何避免尴尬。完美主义者背负着如此沉重的精神包袱，是很难在事业上取得成功的。而且，他们往往在家庭关系、人际关系等方面也很不如意。

一些人过度追求完美，连一点儿瑕疵都不能容忍，殊不知，世间本就没有完美的事物，过度追求完美，只能走进死胡同。

杨燕是一个公司的部门经理，她最近十分苦恼，原因是她的脸上有两颗小黑痣。她曾经看过皮肤科，也做了激光消除手术，可她总是觉得没有把痣清除干净，一有空就照镜子，每当看到色素渐褪的小黑痣，不仅高兴不起来，反而觉得这个缺陷越来越明显。几个月以来，她因为自己长相"丑陋"而不满、消沉，上街次数明显减少，也不敢抬头见人，为此影响了人际关系，业绩一降再降。后来，她食欲减退、失眠多梦、心情压抑、焦虑，于是只好去心理咨询诊所寻求解脱之法。

　　生活中不乏杨燕这种追求十全十美的完美主义者。其实，缺陷和不足是人人都有的，但是作为独立的个体，每个人都要相信，你有许多与众不同甚至优于别人的地方，你要用自己特有的形象装点这个丰富多彩的世界。很多人因为自己的缺陷和不足而自怨自艾，从而丧失了自信心，变得自卑。

　　俗话说："金无足赤，人无完人。"没有一个人是完美无瑕的，难道有缺点和不足就注定要悲哀，要默默无闻，无法成就大事业吗？其实，只要你把"缺陷、不足"这块堵在心口上的大石头放下来，别过分地去关注它，它也就不会成为你的障碍。假若你能善于利用自己那已无法改变的缺陷、不足，那么你仍然是一个有价值的人。

　　人没必要把自己的能力估计得太高，也不必过于自卑。如果事事要求完美，做起事来也会障碍重重。要在自己的长处上培养起自信、自豪感和工作兴趣，不要在自己的短处上去与人比较。不要对自己太苛刻，不要为了让周围每个人都对你满意而谨小慎微，要有点"我行我素"的气魄，做事只要对得起自己的努力和良心，不要太在意他人对自己的评价。否则，遇到挫折就可能导致身心疲惫。

　　其实，不能容忍美丽的事物有缺陷，是一种普遍的心态，对于许多人来说，追求尽善尽美是理所当然的。但是，完美主义者却未想过，正是这种似乎无关紧要的生活态度，给他们的生活带来了巨大的压力。可以想象，这些人比起那些不太追求完美结局的人来说，他们所承受的生活压力要大得多，甚至长年累月处于极度紧张的心理状态中，这样自然影响他们的生活和事业。

那么，如何从追求完美中摆脱出来呢？可以考虑以下建议：

首先，对自己的潜能要有正确的估计，既不要把自己的能力估计得过高，更不必过于自卑。

其次，重新认识"失败"和"瑕疵"，一次乃至多次失败并不能说明一个人价值的高低，人只有经受住失败的考验才能到达成功的巅峰。

最后，寻找一件自己完全有能力做好的事，为自己定一个短期的目标，然后去把它做好，这样你的心情会轻松一些，做事也会较有信心，感到自己更有创造力和更有成效。

总之，我们应记住一句话："人可以完善自己，但不能过度追求完美。"

小 故 事
维纳斯与缺憾美

白皙如雪的肌肤、清秀的容颜、丰腴的前胸、典雅庄重的表情、匀称的身材，构成了古希腊神话中象征爱与美的女神——双臂残缺的维纳斯。

米洛斯的维纳斯雕像是希腊划时代的一件不寻常的杰作，在古代西方艺术史中占有重要的地位。它以卓越的雕刻技巧、完美的艺术形象、高度的诗意和巨大的魅力获得了观众的赞赏。她缺失的双臂更是给人留下了充分的想象空间，有一种摄人心魄的魅力，散发出一种缺憾的美。

有人说，维纳斯的断臂是一个缺憾。但若要复原这个雕像，却又难尽其美，因为健全的维纳斯可能就与其他的雕像无异，难道双臂健全的维纳斯就是完美的吗？回答当然是否定的。这使我们不得不承认上天在塑造完美的同时，也会制造一个缺憾。

54 懒蚂蚁效应

有时候，懒是一种幽默的智慧，它体现着人性化的生存态度。

日本北海道大学进化生物研究小组对由30只蚂蚁组成的黑蚁群的活动进行了观察。结果发现，大多数蚂蚁都很勤快地寻找、搬运食物，少数蚂蚁却整日无所事事，东张西望，人们把这少数蚂蚁叫作"懒蚂蚁"。

有趣的是生物学家在这些懒蚂蚁身上做了标记，并且断绝了蚁群的食物来源后，那些平时工作很勤快的蚂蚁表现出一筹莫展的样子，而懒蚂蚁们则"挺身而出"，带领众蚂蚁向它们早已侦察到的新的食物源转移。

原来懒蚂蚁们把大部分时间都花在了"侦察"和"研究"上。它们能观察到组织的薄弱之处，同时保持着对新食物源的探索状态，从而保证群体能不断得到新的食物。

相对而言，在蚁群中，懒蚂蚁更重要；而在企业中，能够注意观察市场、研究市场、分析市场、把握市场的人也更重要，这就是所谓的"懒蚂蚁效应"。

懒于杂务，才能勤于思考。一个企业在激烈的市场竞争中，如果所有的人都很忙碌，没有人能静下心来思考、观察市场环境和内部经营状况，就永远不能跳出狭窄的视野，找到发现问题、解决问题的关键。更别说看到企业未来的发展方向，并做出长远的战略规划了。

在工作中，懒人最懂得休息。只有善于休息的人，才会有更多的时间去思考如何获得成功。诚然，随着人们的生活节奏普遍加快，工作已经成为非常重要的事情，它能提供大部分成人主要的智力刺激和社会互动。努力工作除了可以带来好的名声之外，还能够带来财富和荣誉。虽然工作意义重大，但是如果你真的把每一分钟清醒的时间都用来工作，那就有可能得不偿失了。

要知道，工作和休息的冲突往往是工作效率低的主要原因，因为现有的工作程序或形式，占用了私人休息的时间，使个人在工作时难以集中精力，而不能达到预期的工作效果。这就需要我们对这两者的组织形式进行新的安排。比如，工作累了，利用休息的时间放松一下疲惫的身心，你就会觉得很惬意。然后重新怀着轻松的心情投入工作，你会变得信心百倍。

要想突破现状，有更杰出的表现，就不应该把生活都局限在工作中。因为只有劳逸结合，才能让心灵得以解放，而且还能保持思维常新，更富于创造力。

在生活中，懒也要懒得有智慧。时下又出现了这样一种懒人。他们似乎没有我们那样的忙碌，上班不早来下班也不晚走，遇到事情也不钻牛角尖，对人对己要求都不是很严格，欲望淡泊、洒脱随性。在很多人的眼中，他们似乎显得慵懒了一些、松散了一些、不求上进了一些，但是这样的懒并不是拖沓、没有效率、好逸恶劳，而是一种快乐、放松、高质量的生活方式。所以，他们被称为"新懒人"。

他们懒得自己洗衣服,所以发明了洗衣机;懒得做饭,所以发明了方便食品;懒得搞卫生,所以发明了吸尘器;懒得走路,所以发明了汽车。懒人创造了一个新的世界,而新的世界又滋养出新的懒人。他们工作,但不玩命工作;他们消费,但不过度消费。他们家里有各式各样的帮助其解放双手的机器。其实,新懒人只是不堪于社会的种种压力,于是选择了以简约为最终目标,轻松愉快地生活着。

其实,勤与懒相辅相成,"懒"未必不是一种生存的智慧。

小 测 试
你是不是一个懒人

你去邻近的菜市场买菜。这个地方你从来没有去过,也不知道里面的菜价如何,下面这些店铺中,你首先会去哪里?

A. 什么商品都有的小杂货铺

B. 卖各种鱼的店铺

C. 只卖一种蔬菜的摊档

D. 小食品店

解析:

选A:你是个偷懒高手,在偷懒的同时会做大量的掩饰行为,绝不会让人发现蛛丝马迹。在别人看来,你是个很忙碌的人,一丝不苟又懂得抓紧时间,可是你的大脑根本什么都没有想,因为你正在偷懒。

选B:你的懒惰源于你的无知。即使不知道,你也不会去问,任由这个问题一直存在下去。而这个时候正是偷懒的好时机。很多事你都是一知半解。别人为解决问题而烦恼，你却乐得清闲。你可以装着不懂，然后把一切事情都交给别人去做。

选 C：你的懒惰只表现在你讨厌的事情上，也就是说你是否懒惰会视情况而定。平时不会很懒，反而让人觉得很勤快，但是在讨厌的事情上，你的懒惰则表现得很明显，让人一看就知道你想偷懒。

选 D：你是懒到骨头里的人，要你不懒实在太难了，除非世界只剩下你一个人。你相当会找借口，会为自己的懒找各种各样的理由。你也是个很容易生气的人，如果在你偷懒的时候，别人逼你做你不愿意做的事情，你会立刻翻脸，然后再找理由为自己开脱。

55 角色效应

你把自己定位于什么样的角色,你就会成为一个什么样的人。

在现实生活中,人们以不同的社会角色参加活动,这种因角色不同而引起的心理或行为变化被称为"角色效应"。

有位心理学家通过观察发现:两个同卵双生的女孩,她们的外貌非常相似,生长在同一个家庭中,从小学到中学,直到大学都是在同一个学校的同一个班内读书,但是她俩在性格上却大不一样:姐姐性格开朗,好交际,待人主动热情,处理问题果断,较早地具备了独立工作的能力;而妹妹遇事缺乏主见,在谈话和回答问题时常常依赖于别人,性格内向,不善交际。

是什么原因造成姐妹俩在性格上有这样大的差异呢?主要是她们充当的"角色"不一样。她们的父母将先出生的女孩称为"姐姐",后出生的称为"妹妹"。要求姐姐必须照顾妹妹,要对妹妹的行为负责,同时也要求妹妹听姐姐的话,遇事必须同姐姐商量。这样,姐姐不但要培养自己独立处理问题的能力,而且还扮演了妹妹的"保护人"的角色;妹妹则自然充当了被保护者的角色。

可见，充当何种角色是造成孪生姐妹性格差异的关键因素。其实，并非只是孪生子才有角色效应，正常人都会受到角色的影响。你把自己定位于什么角色，你的行为就会不自觉地受这个角色的牵引。

大多数人都看过陈佩斯和朱时茂表演的小品《警察和小偷》，其大体情节是，一个小偷假扮警察帮其同伙放风，他后来逐渐忘了自己的小偷身份，竟然主动协助警察抓获了自己的同伴。这看上去似乎不可思议，但恰恰证明了一个简单而又往往不被人们注意的道理：一个人如果忘记了自己的真实身份而进入另一个角色，那么他就会去做那一个角色所应该做的事。

比尔·盖茨上小学时，校图书馆里的工作人员让他将所有放错位置的书按规定放回原处，他很高兴——为能常常"侦察"出一些放错位置的书而感到兴奋。后来他转学了，不能再充当这个"小侦探"的角色，觉得很失落。其父深知他的失落感，于是又把他送回原校，他再次当上了义务"小侦探"，这段经历锻炼了他的细心搜索能力。这为他以后成为计算机领域的佼佼者打下了基础。比尔·盖茨的责任心、细心与耐心便是由角色效应带来的。我们可利用角色效应矫正一个人的坏习惯，增强其责任感。

父母在教育孩子时也要学会运用角色效应。每个人都有积极的一面和消极的一面。尤其是儿童，赋予他一个积极的角色，就会为成为这一积极的角色而努力；相反，如果依据人性中消极的一面塑造他，他就很可能成为另一种人。

在孩子的成长过程中，父母是他们的第一任老师，是孩子幼年时期最信赖的人。儿童、青少年往往对自己的认识是模糊的，自信心相当差，但可塑性却特别强。在这个时期，父母如何对待他，给他提供一个什么样的角色，有着举足轻重的作用。因为无论你赋予他一个什么样的角色，他都很容易相信，并努力去成为那个角色。

在企业管理中也是如此，员工不小心犯了错误，领导如果对员工说："你是聪明的、上进的，这次只是粗心导致了失误，要总结经验，下次一定能做好！"

"聪明的、上进的""下次一定能做好"，这些积极的暗示性语言对这位员工的影响是巨大的。积极的角色至少会伴随在他近段时间的工作和生活中。久而久之，在潜移默化中，他就会成为一个聪明上进的好员工。

给员工提供角色，首先要在心理上相信你的员工就是你所提供给他的那种角色，这样才有可能使他相信他自己就是那个角色，并努力去做。

---------- 小 故 事 ----------
角色决定你的命运

一名青年向禅师求教："大师，我有一件事不明白，它使我整夜睡不好觉，也使我很迷茫，希望你能帮我指出一条通往光明的道路。"

禅师没有说话，青年继续说道："有人称赞我是天才，将来必有一番大的作为，也有人骂我是笨蛋，一辈子不会有多大出息。依你看呢？"

"你是如何看待自己的？"禅师反问。

青年摇摇头，一脸茫然。

大师说道："譬如同样一斤米，用不同眼光看，它的价值也就不同。在农妇眼中，它不过能用来做两三碗米饭而已；在农民看来，它最多值一元钱罢了；在卖粽子的商贩眼中，包成粽子后，它可以卖三元钱；在制饼干者看来，它能被加工成饼干，卖五元钱；在味精厂家眼中，它能提炼出味精，卖八元钱；在制酒商看来，它能用来造酒，勾兑后，卖四十元钱。不过，米还是那斤米。"大师顿了顿，接着说，"同样一个人，有人将你抬得很高，有人把你贬得很低，其实，你就是你。你究竟有多大出息，取决于你给自己安排了什么角色。"

56 猜疑效应

怀疑精神本是人类积极探索世界的一大利器，但如果总是无端猜疑，杯弓蛇影，无疑是一种病态的表现。

《三国演义》中曹操错杀无辜好友的故事相信大家都不陌生，曹操刺杀董卓的行动败露后，与陈宫一起逃至吕伯奢家。曹吕两家是世交。吕伯奢一见曹操到来，本想杀一头猪款待他，可是曹操因听到磨刀之声，又听说要"缚而杀之"，便大起疑心，以为吕伯奢要杀自己，于是不问青红皂白，拔剑误杀无辜者。

曹操就是一个猜疑心特别重的人。猜疑心理是一种由主观推测而对他人产生不信任感的复杂情绪体验。猜疑心重的人往往整天疑心重重、无中生有，每每看到别人议论什么，就认为人家是在讲自己的坏话。猜忌成癖的人，往往喜欢捕风捉影、节外生枝、说三道四、挑起事端，其结果只能是自寻烦恼、害人害己。猜疑心理是人际关系的蛀虫，既损害正常的人际交往，又影响个人的身心健康。

猜疑一般是从某一假想目标开始的，最后又回到这个假想目标，就像画一个圆圈一样，越画越粗，越画越圆。最典型的例子就是"疑人偷斧"的寓言。

　　一个人丢失了斧头，怀疑是邻居的儿子偷的。从这个假想目标出发，他观察邻居儿子的言谈举止、神色仪态，无一不表现出偷了斧头的样子。思索的结果进一步强化了原先的假想目标，他断定贼非邻居的儿子莫属了。可是，不久后他在自己家里找到了斧头，此时再看那个邻居儿子，竟然一点儿也不像偷斧的人了。

　　现实生活中猜疑心理的产生和发展，几乎都与这种封闭性思路主宰了正常思维的现象密切相关。人群中，生性多疑、经常对他人抱有防范之心的私密主义者，为数实在不少。他们认为，一旦别人得知了自己的想法并加以评判，那就会和自己对抗或在工作中加害自己。也就是说他们对别人总是抱着戒备、恐惧的心理。所以，他们从不敢相信别人，也不愿与他人分享某些积极的成果，更不敢委任别人担当重任。凡事都要自己控制，这样他们才会放心。

　　猜疑是人性的弱点之一，历来是害人害己的祸根，是卑鄙心理的伙伴。一个人一旦掉进猜疑的陷阱，必定处处神经过敏、事事捕风捉影，对他人失去信任，对自己也同样心生疑窦，损害正常的人际关系，影响个人的身心健康。

　　那么，在人际交往中应如何消除猜疑心理呢？

　　首先，要加强个人道德情操和心理品质的修养，净化心灵，提高精神境界，拓宽胸怀，以此来提升对别人的信任度和排除不良心理的干扰，摆脱错误思维方法的束缚。只有摆脱错误思维方式的束缚，扩展思路，走出"先入为主""按图索骥"的死胡同，才能促使猜疑之心在得不到自我证实和不能自圆其说的情况下自行消失。

　　其次，最好能敞开心扉，提升心灵的"透明度"。猜疑往往是心灵闭锁者人为设置的心理屏障。只有敞开心扉，将心灵深处的猜测和疑虑公之于众，或者面对面地与被猜疑者推心置腹地交谈，让深藏在心底的疑虑来个"曝光"，提升心灵的透明度，才能求得彼此之间通过沟通更加理解对方，增加相互信任、消除隔阂、排释误会、获得最大限度的消解。

最后，要学会自己安慰自己。一个人在生活中遭到别人的非议和流言，与他人产生误会，没有什么值得大惊小怪的。在一些生活细节上不必斤斤计较，可以糊涂些，这样就可以避免自己的烦恼。如果觉得别人怀疑自己，应当安慰自己不必被别人的闲言碎语纠缠，不要在意别人的议论。

小 测 试
测测你的心机有多重

艳阳高照的日子是最适合出游的。假如，你和朋友漫步在森林之中，无意中发现了一座隐藏在林中的建筑物，依你的直觉，你会认为这是何种建筑物？

A．小木屋

B．宫殿

C．城堡

D．平房住家

解析：

选A：你是一个能忍别人所不能忍的人，具有宽广的心胸，你对任何事物都抱着以和为贵的态度，你基本上就是一个堪称完美的人。

选 B：你是一个心思极细的人，对于身边的事物都能有良好的安排，凡事都在你的掌握之中。虽说不上城府极深，但对于复杂的人际关系你都能处理得很好，如鱼得水。

选 C：你可以说是 21 世纪最厉害的人际高手，你比选宫殿的人对事物的观察更敏锐，更能看透人心。在这方面别人总是望尘莫及，而你也一直以此特性为豪，并乐此不疲。

选 D：你是一个平生无大志的人，也没有什么企图心，虽然对周围的感应能力并不差，但你凡事仅抱着一颗平常心。这种人的最大的好处就是：平凡，没有烦恼和压力。

57 倾诉效应

每个人在生活中都会遇到压力、烦恼，学会倾诉，及时排解不良情绪，会使心理更健康。

时代越发展，我们好像越需要找渠道倾诉，当门对门的邻居都互相不认识，当大街上擦肩而过的人转瞬即逝的时候，我们越发需要倾诉了。很多人把倾诉当作发泄，每天晚上灯红酒绿，大家不管认识与否在一起胡吃海喝一通就算是发泄了，但倾诉的含义应该更加深层，不是谁都可以成为倾诉的对象。每个人每天都要处理许多纷繁复杂的事。认识一个可以倾诉的人，可以无形之中放松你绷紧的神经。

一天深夜，一个陌生的女人给刘蕾打电话来说："我恨透了我的丈夫。"

"你打错电话了。"刘蕾告诉她。

但是她好像没听见，继续滔滔不绝地说了下去："我一天到晚照顾两个小孩，他还以为我在享福。有时候，我想出去散散心，他都不让，自己天天晚上出去，说是有应酬，鬼才会相信他！"

"对不起，"刘蕾打断她的话，"我不认识你。"

"你当然不认识我,"她说,"这些话我会对亲戚朋友讲,弄得满城风雨吗?现在我说了出来,舒服多了,谢谢你。"她说完便挂了电话。

其实每个人在一生中都会遇到压力、烦恼。如果压力较大,又不善于处理,问题就可能变得严重,甚至造成心理和生理疾病。倾诉这种方法男女都可用,但女性用得比较多。女性比较习惯于交谈、倾诉,而一些男性遇到烦恼常憋在心里。建议男性要学会倾诉,这并不是什么丢面子的事。

倾诉这种方法较适合外向、性格比较直爽的人。但一些内向的人也不要把话装在肚子里,如果没有朋友,可以找家人倾诉。倾诉对象要靠平时积累。有人比较内向,并不愿意交友,最好能"逼着自己交些朋友",关键时候想说话才有人愿意倾听。要在平等、诚恳的条件下与人交往,学会发现对方的优点。在别人需要帮助的时候,尽自己最大的努力给予别人帮助,这样在你遇到压力时,才能得到朋友的帮助。

你要想让别人接受你的倾诉,你也要懂得倾听。懂得倾听的人才会获得朋友,因为你分担了他人的烦恼。懂得倾听的人才能够在听的过程中摸清对方的意图,从他人言语中了解一个人内心的烦恼,才能想合适的办法应对不同的人、不同的事。认真倾听他人言语,代表你对他人的尊重,同时你也赢得了别人的尊重。

认真倾听领导的发言,你会发现自己的上司确实有过人之处,你对他更敬重了。这样做,你会发现自己也变得虚心了,你的虚心会促使自己更加努力,会让自己的事业更进一步。懂得倾听,才能让你更深刻地了解他人,也了解自己。客观辩证地看待自己,你才能取他人之长,补自己之短。

另外,在倾听时不要讲话,专心是有效倾听的前提。当别人在讲话时，一定要克制自己不要讲话，做到专心倾听，边听边想，思考别人说话的意思，记住别人说的要点。不要因为有感触就马上发表议论，不妨等待别人讲完自己再开口。

在别人说话时，要表现出你对他人所说的话感兴趣，这样对于说话的人来说是一种尊重和鼓励，只有你对对方表现出兴趣，对方才有说的愿望与激情。

------- 小　测　试 -------
测测你经常向什么人倾诉

你最怕在梦中见到谁呢？
A．严厉苛刻的老师
B．长相严肃的警察
C．不欢而散的旧情人
D．对之有愧的债主

解析：

选A：当你遇到挫折的时候，会希望能快点儿找到倾诉的对象，而你的身边也有几个值得信赖的好朋友，可以分享你的悲喜与所有心事。所以你算是个幸福的人，情绪总是很快就能平静下来。不过，有时也要与朋友分享一些快乐的消息，不要让大家常常沉浸在你的悲苦之中。

选B：当你想要找人吐苦水时，会先选择倾诉的时机与对象，确定不会打扰到别人时，你才会将心事说出来。也因为你的贴心，别人不会认为听你诉苦会是件讨厌的差事，反而会乐意分担你的忧愁。而你也深深知道这种精神支持的重要性，会在朋友需要帮助的时候，适时伸出援手，当个好听众。

选C：你是个比较纤细、敏感的人，会因为几句无心的话语而难过许久。可是你又不想打扰别人，所以会将事情放在心里，直到遇见你认为可以放心倾诉的对象，就会像水坝开闸一样，尽情地宣泄。所以交情一般的朋友，是无法了解你内心的痛苦的。

选D：你挺爱面子的，如果有人让你当面难堪，你会觉得难以忍受，心中会一直挂念此事。可是你的自尊心很强，绝对不会在众人面前有任何反应，而会将情绪压抑下来，带回家，在无人的时候，再慢慢检查自己的伤口，不让人看到你脆弱的一面。

58 吝啬效应

一个吝啬的人若能改掉吝啬的习惯，就能为自己的内心建造一座人人都可以欣赏的美丽花园。

吝啬是一种有能力资助他人却不肯伸出援助之手的心理。随着社会的发展，吝啬行为已不再限于钱财，而是扩展到更宽阔的领域。吝啬破坏了人类固有的仁爱、同情之心，打破了人与动物的界限，破坏了人类社会人与人之间美好的关系。

生活中有人称吝啬的人为"一毛不拔"的"铁公鸡"，这只说明了吝啬行为的一个表象，事实上吝啬者的吝啬行为来自他们内心的冷漠，他们过分看重自己的钱财，甚至可以为蝇头小利而六亲不认。然而，当他们抱着自己辛苦守下来的"财富"的时候，也许在那时才会发现，自己才是真正的贫穷者。吝啬会让人失去很多，包括工作、事业，甚至家庭。

吝啬之人都非常计较个人的得失，遇事总怕自己吃亏。吝啬之人非常看重自己的财富与利益，为了既得利益，可以六亲不认，甚至"鸡犬之声相闻，老死不相往来"。他们面对别人的苦楚显得冷漠无情，毫无怜悯之心，甚至落井下石。吝啬之人很少参与社会活动，也不关心周围的事物，常常有"事不关己，高高挂起；明知不对，少说为佳"的心态。他们不愿意帮助别人，因此很少有知心朋友，有了困难也就很难得到他人的帮助。

从前有一个非常吝啬的人，他从来没有想过要帮助别人，连别人叫他讲"布施"这两个字，他都讲不出口，只会"布、布、布……"个半天，好像一讲出这两个字，自己就会有所损失。

佛陀知道了这件事后，就想去教化他，于是到了他住的城镇去开示。佛陀告诉大家布施的功德：一个人这辈子之所以富有，比别人长得高、长得帅，所有一切美好的事物，都跟上辈子乐于布施有关。

佛陀从地上抓了一把草，把草放在他的右手，然后要他张开左手，对他说："你把右手想成是自己，把左手想成是别人，然后把这把草交给别人。"这个吝啬的人一想到要把这把草给别人，就呆住了，犹豫得满头大汗，仍然舍不得交出去。

后来，他突然开悟："原来左手也是我自己的手。"就赶紧把草交出去了，自己也为此深感欣慰。第二次他只花了约一分钟，就把草交出去了。后来，他很痛快地就可以把草交出去。

最后，佛陀对他说："你现在把这把草给别人。"他便把这把草交给了别人。

吝啬是不能给吝啬者带来快乐的。吝啬者的生活是不安宁的，他们整天忙着的是挣钱，最担心的是丢钱，唯恐盗贼将他们的钱全部偷走，唯恐一场大火将他们的财产全部吞噬，唯恐自己的亲人将钱财全部挥霍掉，因而整天提心吊胆、坐立不安，自然难以感到快乐。

因此吝啬者要想办法克服吝啬，从精神上思考、领悟吝啬的错误。人活在世上，需要金钱，但更需要亲情与友谊。小气、冷漠，只会使自己成为孤独的人。关心与帮助历来是相通的，每个人都有需要别人帮助的时候，今天帮人一把，日后自己有难处，也一定会得到他人的关心。

小 故 事
吝啬鬼夷射的下场

齐国有一名叫夷射的大臣，经常为齐王出谋划策"整治"别人，被齐王视为近臣。

一次齐王宴请夷射，夷射由于不胜酒力，喝得有些过量，他便到公门后吹风。守门人曾受过刖刑，是个无聊之人，欲向夷射讨杯酒喝。夷射天生吝啬，再加上对守门人很是鄙弃，便大声斥责道："什么？滚到一边去！像你这样的囚犯，竟然向我讨酒喝？"

守门人想辩解时，夷射已甩袖离去。守门人非常愤恨。这时因下雨，宫门前刚好有一摊水，状若有人便溺之物，守门人便萌生报复心理。

正好，次日清晨，齐王出门，见门前一摊其状不雅的水迹，心中不悦，急呼守门人道："是谁如此放肆，在此便溺？"

守门人见机会来了，故作惶恐地支吾道："我不是很清楚，但我昨晚看到大臣夷射站在这里。"齐王果然以欺君之罪赐死夷射。

59 超限效应

如果一个人受到的刺激过多、过强,或刺激的作用时间过久,他就会表现得极不耐烦或是出现逆反的心理。

生活中常有这样的现象。一个妈妈三番五次地对孩子说"要把你的屋子收拾干净",可孩子将妈妈的话当作耳旁风,屋子杂乱依旧;妻子不知疲倦地提醒丈夫"你该戒烟了",可丈夫依然"恶习"不改,照样"吞云吐雾";公共汽车上,广播一遍又一遍地提醒乘客"请看好自己的物品",然而乘客依然漫不经心,被盗事件屡屡发生;领导频频对犯错误的员工说"下次不能再这样了",可员工依然我行我素,甚至在工作中出现更大的漏洞……

为什么会出现这样的现象呢?这是因为,人的机体在接受某种刺激过于强烈的时候,会出现自然的逃避倾向,这是人类出于本能的一种自我保护性的心理反应。由于人的这个特征,在受到外界的刺激过多、过强或作用时间过久的情况下,人的心里会产生极不耐烦的情绪或逆反情绪。这种心理现象,叫作"超限效应"。

有这么一个例子,一名学生上课总是调皮捣蛋,自己不认真听讲,还影响别人，因此各科老师上课总是批评他。时间长了，批评根本不管用，于是班主任想了一个新方法，让各科老师将对他的批评改为表扬，发现他有任何的进步或者"闪光点"，立刻大加赞扬。对于老师们的这种举动，开始他很感动，表现也大有进步，可是后来突然有一天，当老师以同样的方式对他予以表扬时，他却大为恼火，说："我已经进步了，还不够吗？"为什么会出现这种情况呢？

原来，听惯了批评的他，最初听到表扬时，觉得老师是真的看到了他的优点。后来当老师们对他进行表扬一段时间后，他觉得老师的表扬缺乏诚意，而且其中许多是有意拔高的。由此他便认为，这些老师只不过是在哄自己，名义上是表扬，实际上是让他注意这些方面，有明褒暗贬之意。因此，终于有一天，他在忍无可忍的情况下，表现出了上述的极端行为，也就不足为怪了。

这样就出现了期望越高、失望越大的结果。一位母亲不停地给孩子灌输一定要考上清华大学的目标，使孩子感觉压力太大，最终孩子因为害怕考不上会受到惩罚而选择了放弃考试。父母要引以为戒，对孩子的教育要避免超限效应，父母过分的叮咛，并不能达到预期的效果。父母在叮嘱孩子时，要订立一个规则。如果孩子违反一次、两次，可以批评，但仍旧违反，就要采取一些惩罚性的措施，不能只说不做。

超限效应对做广告宣传也有启示。一个创意很好的广告，第一次被人看到时，令人赏心悦目；第二次被人看到时，会让人注意到其宣传的产品和服务。但如果这样好的广告要在短时间内高密度轰炸的话，就会令人产生厌恶之感。所以，广告宣传需要适度，是需要从多角度刺激消费者的感官，但要适可而止。

同样，超限效应也可以运用到企业管理中。如：当员工不用心工作，把工作搞砸时，领导会一次、两次、三次，甚至四次、五次地重复对一件事做同样的批评，使员工从内疚不安到不耐烦最后反感讨厌，被"逼急"了，员工就会出现"我偏要这样"的反抗心理和行为。因为员工一旦受到批评，总要需要一段时间才能恢复心理平衡。受到重复批评时，他心里会嘀咕："怎么老这样对我？"员工挨批评的心情就无法恢复平静，反抗心理就会高亢起来。

可见，领导对员工的批评不能超过限度，应对员工做到"犯一次错，只批评一次"。如果非要再次批评，那也不应简单地重复上次的说辞，而是要换个角度、换种说法。这样，员工才不会觉得同样的错误被"揪住不放"，厌烦心理、逆反心理也会随之减轻。

------ 小 故 事 ------

杰米扬的鱼汤

俄国著名作家克雷洛夫写过一篇著名的寓言叫《杰米扬的鱼汤》。

杰米扬是一个十分好客的人。有一天，一个朋友远道来访，杰米扬非常高兴，亲自下厨烧了他最拿手的好菜——一大盆鲜美的鱼汤来招待。

朋友喝了第一碗，感到鱼汤的味道的确很鲜美，于是对杰米扬的厨艺赞不绝口。杰米扬劝他喝第二碗。第二碗下肚，朋友有点儿嫌多了，喝得满头大汗。可杰米扬没有觉察到朋友的不满，仍然一个劲地"劝汤"。

朋友终于忍无可忍，丢下碗，拂袖而去，再也不敢登门了。

60 攀比效应

攀比是一把双刃剑，适当的攀比对自己具有激励作用，但失衡的攀比心理首先会伤害自己。

攀比效应是指当一项产品、服务或身份开始比较容易获得，并且开始逐渐形成一种趋势时，大家会认为别人有了，我也得去搞一个。就像中国的手机发展、汽车发展、高尔夫球练习场的快速扩张、小学生买电脑、本科毕业生积极去考研，等等，数不胜数。这些东西对于个人不一定很有用，但是如果你没有，就会感到低人一等；对自己不一定有多大用处，但是一定不能够落后，并且这种心态一旦累积到某个爆发点，就会更加快速地发展。

攀比的人总是活得很累，让自己的心理失去平衡。盲目攀比是拿自己的缺点和别人的优点比，用自己的弱势对抗别人的强项，结果自然可想而知。有一位哲人说过："与他人比是懦夫的行为，与自己比才是真正的英雄。"所以，把眼光放在自己的身心上，生活便会多一分快乐与满足。

生活的差别无处不在，于是人们在差别中情不自禁地产生了攀比心理，而盲目攀比却让人们习惯性地将自己所做的贡献和所得的报酬与别人的进行比较。如果这两者之间的比值大致相等，那么彼此就会有公平感；如果某一方的所得大于另一方，那么其中一方就会产生心理失衡。某些人看到与自己同等级别的其他人用车比自己高级、住房比自己宽敞，自己甚至还不如某些级别和职务低的人，心里就会感到很不平衡，于是换车、建房也就不足为奇了。

攀比心理与不满足心理犹如同胞姐妹，相伴而生。攀比是不满足的前提和诱因，在没有原则、没有节制地比安逸、比富有、比阔气中，致使心理失衡，越发不满足。有的人则为自己能在这些错误的攀比中出人头地、占据上风而无限度地追求个人名利，进而驱使自己不断走向腐化堕落的深渊。

攀比是一把刺向自己心灵深处的利剑，对人对己毫无益处，伤害的只能是自己的快乐和幸福。俗话说，人生失意无南北。宫殿里也会有悲恸，瓦屋里同样也会有笑声。只是，在平时生活中无论是别人展示的，还是我们关注的，总是风光的一面、得意的一面，这就像女人的脸，出门的时候个个都描眉画眼、涂脂抹粉、光艳亮丽，这大都是给别人看的。回到家后，女人们一个个都素面朝天，形成了鲜明的对比。于是，站在城里，向往城外，而一旦走出围城，就会发现生活其实都是一样的，有许多我们一直很在意的东西，较之别人，根本就没有什么可比性。

事实上，每个人都拥有令人羡慕的东西，也有缺憾，没有一个人能拥有世界的全部，重要的在于自己的内心感受。那些心态平和的人也许生活中的物质享受并不比任何人好，只是他能接受自己，懂得知足而已。

人世间没有永远的赢家，也没有绝对的输家。例如，在自然界中，往往常青之树无花，艳丽之花无果。所谓"梅须逊雪三分白，雪却输梅一段香"，人各有其长，各有其短，学会俯视，往下比一比，生活必定会充满快乐。

小　测　试
测测你的攀比心理指数

根据平时的行为表现，可以有目的地检查一下自己的攀比心理程度，以便心中有数。仔细回忆一下，最近两个月以来，你经常发生下列情况吗？

1．当别人有了车以后，自己也想买，而且是超出经济实力去买更好的车吗？

2．当别人升职后，认为该先升职的是自己吗？

3．别人的手机、照相机、电脑、摄像机、音响比自己的好，你看见以后，决心要买更好的吗？

4．别人的孩子成绩好，就要求自己的孩子成绩更好吗？

5．别人的衣服高档，自己也不切实际地买更高档的衣服吗？

6．别人婚礼办得隆重，自己也想办得更隆重吗？

7．同事的专业技术水平高，得到出国学习深造的机会，自己专业技术水平差，也想出国深造吗？

8．别人去旅游，自己不顾经济条件，也去旅游吗？

上述8个问题，建议你在自然的状态下真实地填写出来。根据填写的结果，可以自测攀比心理指数。

上述问答，如果出现2个以上"是"的话，说明有了攀比心理，应该及时调节，逐步走出阴影。

61 光环效应

当你对一个人产生好感时，此人身上就好像出现了奇妙的、理想的光环。

所谓的光环效应，就是在人际交往中，人身上表现出的某一方面的特征掩盖了其他特征，从而造成人际认知的障碍。这种爱屋及乌的强烈知觉的品质或特点，就像日晕的光环一样，向周围弥漫、扩散，所以人们就形象地称这一心理效应为"光环效应"。

光环效应最早由美国著名心理学家桑戴克于20世纪20年代提出。他认为，人们对人的认知和判断往往只从局部出发，像日晕一样，由一个中心点逐步向外扩散成越来越大的圆圈，并由此得出整体印象。

据此，桑戴克为这一心理现象起了一个恰如其分的名称——晕轮效应，又称"光环效应"。其特点即以偏概全，在对不太熟悉的人或者有严重情感倾向的人进行评价时，这种效应体现得尤其明显：一个人如果被标明是好的，他就会被一种积极肯定的光环笼罩，并被赋予一切都好的品质；如果一个人被标明是坏的，他就被一种消极否定的光环笼罩，并被认为具有各种坏品质。

在日常生活中，光环效应随处可见。比如，有些小青年穿着打扮花哨、怪异，上了年纪的人就会看不顺眼，就会觉得他是没出息的败家子；年轻人选择恋人，往往很看重外表，全然不考虑人的内心，从而做出错误选择。总之，光环效应是一种认知偏见，对人们的人际交往以及生活中的许多方面有较大的不良影响，因此我们应尽量避免和克服这种效应。

当你对一个人产生好感时，此人身上就好像出现了积极的、美妙的、理想的光环。由于这种光环的照射，此人外貌、心灵上的缺点就会被忽略，更有甚者会主观地赋予他很多本不具有的美好品质，正所谓"情人眼里出西施"。

热恋中的男女，往往觉得对方是这个世界上最美的、最帅的、百里挑一的，可能结婚之后才会感叹："当初我怎么就没发现这家伙有这么多毛病呢？"正如莎士比亚曾经感叹的"恋人和诗人都是满脑子的想象"——纤细瘦弱说成"苗条匀称"，脸色苍白称为"洁白无瑕"，体态肥胖成了"丰满健壮"，脸上的黑痣也叫作"美人痣"。

其实，光环效应就是"以偏概全"，是一种评价偏见，甚至会达到"爱屋及乌"的程度。比如，所谓的"追星族"或称"粉丝"，常因喜欢某位流行歌星或影星的某一特征而进行盲目模仿。模仿明星的发型、穿着，通过整容模仿明星的长相，甚至不惜代价去搜集明星使用过的物品。光环效应也常常成为人们行骗的工具，比如，有些人刻意把自己打扮成某个名人或权威人士，从而行骗，屡屡得手。

名人效应也是一种典型的光环效应。不难发现，拍广告片的多数是那些有名的歌星、影星，而很少见到那些名不见经传的小人物。因为明星推广的商品更容易得到大家的追捧。一个作家一旦成名，以前压在箱底的稿件全然不愁发表，所有著作都不愁销售，这都是光环效应的作用。

企业之所以能让自己的产品为大众所了解并接受，一条捷径就是让企业的形象或产品与名人相关联，让名人为公司做宣传。这样，就能借助名人的名气帮助企业聚集更旺的人气。要做到让人们一想起某位名人就想起与之相关联的某公司产品。

---------- 小 故 事 ----------
普希金之死

俄国著名的大文豪普希金恐怕无人不知，但他却英年早逝，这都是光环效应惹的祸。

普希金狂热地爱上了当时被称为"莫斯科第一美人"的娜坦丽，并和她结了婚。但他们之间的思想、志向、道德、情操，简直是天壤之别。普希金致力于俄罗斯文学事业，娜坦丽却一味追求跳舞、交际，陶醉于灯红酒绿、纸醉金迷的腐朽生活，而对普希金孜孜以求的文学事业丝毫不感兴趣，不闻不问。

有时，当普希金写下一首好诗，兴奋得情不自禁地朗诵给她听，与她分享自己的创作喜悦时，娜坦丽却用手捂住耳朵，大声地嚷叫"讨厌""我不愿意听"。

为了满足妻子无止境的挥霍、享乐，普希金不得不借债，又不得不在一段时间内把自己的全部精力花在妻子所赴的宴会、舞厅内，以及上层社会的庸俗交际中。这弄得他筋疲力尽、债台高筑，整天闷闷不乐，苦不堪言，最后还为她决斗而死。

62 破窗效应

一个人打碎一块玻璃后，如果能及时修复，就没有人会故意打碎第二块玻璃。

美国心理学家菲利普·津巴多曾进行过一项有趣的实验：他把两辆一模一样的汽车分别停放在两个不同的街区。其中一辆完好无损，停放在帕罗阿尔托的中产阶级社区；而另一辆则摘掉车牌、打开顶棚，停放在相对杂乱的布朗克斯街区。结果怎样呢？

停放在中产阶级社区的那一辆汽车，过了一个星期后完好无损；而打开顶棚的那一辆汽车，不到一天就被偷走了。后来，津巴多把完好无损的那辆汽车敲碎了一块玻璃，仅仅过了几个小时这辆车就不见了。

以这项实验为基础，美国政治学家威尔逊和犯罪学家凯林提出了"破窗效应"。他们认为，如果有人打碎了一栋建筑上的一块玻璃，又没有及时修复，别人就可能受到某些暗示性的纵容，去打碎更多的玻璃。久而久之，这些窗户就给人造成一种无序的感觉，在这种麻木不仁的氛围中，犯罪就会滋生、蔓延。

就是说，一栋房子如果窗户破了而没有人去修补，隔不久，其他的窗户也会莫名其妙地被人打破；一面墙如果出现一些涂鸦没有被清洗掉，很快墙上就会布满乱七八糟、不堪入目的东西。在一个很干净的地方，人会不好意思丢垃圾，但是一旦地上有垃圾出现之后，人就会毫不犹豫地把垃圾扔在地上，丝毫不觉得羞愧。这是一个很奇怪的现象。

心理学家研究的就是这个"引爆点"：地上究竟要有多脏，人们才会觉得反正这么脏，再脏一点儿也无所谓？情况究竟要坏到什么程度，人们才会自暴自弃，让它烂到底？任何坏事，如果在开始时没有被阻拦，形成风气之后，想改也改不掉。就好像一座河堤，一个小缺口没有及时得到修补，就可能导致崩坝，造成千百万倍的损失。

说到这里想来大家应该可以了解什么是"破窗效应"了。实际上这种现象在我们现实生活中处处可见。我们有了新的物品总要好生爱惜。小孩子得到一个新玩具一定会爱不释手，无论谁要借，哪怕只是一小会儿，他也要好生斟酌一番，然后找一个借口拒绝。即使你的面子很大，借到手，他也要和你商定什么时候归还，更要再三叮嘱"不要弄坏"。及至后来，玩具有些磨损或是破旧，那时你即使不想要，他往往也要问你要不要玩他的玩具。这就是生活中的破窗效应。

在我们的教育活动中也有类似的现象。经常听有的老师说起，班里的某某调皮捣蛋，几乎没有办法管教，或者某某不够聪明，屡教不会，恐怕会丧失继续教学的信心与勇气。这时老师们多会愤愤地说："不教也罢。"事实上，这是你在打碎一扇窗子的"玻璃"。你放弃的只是一个孩子，不过不久之后你将发现，自己对大多数的孩子都失去了教育的热情。

又比如，在公交车站，如果大家都井然有序地排队上车，就不会有人不顾众人的文明举动和鄙夷眼光而贸然插队。与之相反，车辆尚未停稳，心急的人们你推我拥，争先恐后，后来的人如果想排队上车，恐怕也没有耐心了。因此，环境好，不文明之举也会有所收敛；环境不好，文明的举动也会受到影响。人是环境的产物，同样，人的行为也是环境的一部分，两者之间是一种互动的关系。

从这个意义上来说，我们平时一直强调的"从我做起，从身边做起"，就不仅仅是一个空洞的口号，它决定了我们自身的一言一行会对环境造成什么样的影响。在社会中的其他领域，同样存在着破窗效应，关键是我们如何把握环境的这种暗示和诱导作用。

小 故 事
校园里的破窗效应

有一年，杰瑞老师的班级里接收了一名留级生，在他的记忆中，这是他从事教育工作六年来碰到过的唯一一名留级生。

这次留级对这名学生的触动很大。进入新的班级后，他处处积极主动、勤奋学习。班里一些原本想混日子的人，看到学校动了真格，也受到了震撼。在他的带动下，同学们上课开始记笔记了，作业也开始主动交了。

甚至出现了这样一种情况：老师在上课时反复强调的重点，有的人或许就不以为意，但该生以过来人的身份提醒："这个内容是要考试的。"他的话能立即引起同学们的高度重视。留级生的话竟然比老师的话还有效，这是许多人都未曾想到的。

63 异性效应

在一个只有男性或女性的工作环境里，不管办公条件多么优越，不论男女，都容易产生疲劳，工作效率也不高。

在人际关系中，异性之间的接触会产生一种特殊的相互吸引力和激发力，并能让人从中体验到难以言传的感情追求，对人的活动和学习通常起积极的作用，这种现象被称为"异性效应"。

异性效应是一种普遍存在的心理现象，这种效应在青少年群体中尤为常见。其表现是有两性共同参与的活动，较之只有同性参与的活动，参与者一般会感到更愉快，干得也更起劲、更出色。这是因为当有异性参与活动时，异性之间心理接近的需要得到了满足，因而会使人获得不同程度的愉悦感，并激发出内在的积极性和创造力。男性和女性一起做事、处理问题都会显得比较顺利。

下面这个例子就是对异性效应最好的说明。

林先生是杭州一家印刷包装企业的设计师，自从他在这家企业上班以来，他所在的办公室就只有六位男士。林先生是一位非常勤劳的人，他喜欢不断地工作，不断地产生新的设计灵感。然而，最近这两年以来，他发现自己在办公室待得久了，经常会莫名其妙地产生一种无聊感和空虚感，而且白天很容易疲劳，创作与设计方面的灵感也似乎逐渐枯竭了。

然而，一个月之前林先生所在的企业为林先生的科室聘来一位年轻貌美的美术学院毕业的女大学生。林先生发现，只要有这位女大学生在办公室，他工作起来就特别有劲儿，设计东西也特别有灵感，而且他还会莫名其妙地产生一种欣喜感和兴奋感。

林先生在女大学生来了之后所产生的这种心理正是我们平时所说的"男女搭配，干活不累"的效应。和林先生一样，其实我们每个人可能都会有这样的亲身体验，我们和异性在一起工作总是会感到轻松愉快，不知疲倦。这绝对不是因为我们都是好色之徒，这里边多少包含着科学和心理学方面的道理。

"男女搭配，干活不累"的玄妙，在于男女之间的异性效应。这是指男女相处时引起的心理变化对生理活动起着有益的作用。在社会生活中，由于对异性欲求与尊重欲求的本能需要，在与异性的接触中，会潜意识地"自我表现良好"以取悦对方。这样一来，双方就会不约而同油然产生热情、友好的情感。此时的情感是内心体验的一面镜子，谁都愿意在异性面前留下一个美好的印象。这就不知不觉地提高了相互行为的互补性、约束性、激励性，还能给人带来愉悦的情感。与此同时，愉悦的情感还能增进身体免疫功能，抗御疾病，有助于活跃思维、增强记忆，使人奋发向上。人如果处于满怀激情的状态下，就会迸发更大的力量，催生出非凡的能力。

在日常生活中，我们经常可以看到男服务员在接待女顾客时往往比接待男顾客更加热情，这都是异性效应的作用。如今的社会还是一个男性占很大优势的社会，外出办事时大部分情况下要和男性打交道，如果由女性出面会更为顺利，这便是心理学上所谓的异性效应。这种现象是建立在异性之间相互吸引的基础上的。

人们一般对异性比较感兴趣，特别是对外表讨人喜欢、言谈举止得体的异性感兴趣。在这点上女性也不例外，只不过不如男性对女性表现得那么明显。有时为了引起异性的注意，男性还特别喜欢在女性面前表现自己，这也是异性效应在起作用。

------- 小 贴 士 -------
异性相吸是有科学依据的

科学家发现男人身上的某些气味能够引起女人的极大兴趣，同样，女人身上的某些气味也能让男人着迷。男女在一个有限的空间内工作，彼此身上的外激素产生的气味不可能不影响对方的情绪和行为。这种影响不一定是那么明显的，但可能是持久的、隐藏性的。

人体向外释放的外激素非常容易被周围的异性接收到，并对他们的行为产生影响。除了心理和精神方面的因素以外，研究人员还提出了另外一种解释。

20世纪70年代以后，科学家对外激素的研究兴趣日益增强，发现了外激素活动对人及动物行为的影响规律。外激素是通过分布在人或动物的皮肤或外部器官上的腺体向外释放激素的。这种激素一般都有明显的气味，而这种气味又非常容易被周围的异性闻到，并对异性的行为产生影响。

64 鸟笼效应

人们绝大多数时候都会采取惯性思维,所以在生活和工作中培养逻辑思维是很重要的。

鸟笼效应是一个著名的心理现象,其发现者是近代杰出的心理学家詹姆斯。1907年,詹姆斯从哈佛大学退休,同时退休的还有他的好友物理学家卡尔森。一天,两人打了个赌。詹姆斯说:"我一定会让你不久就养上一只鸟的。"卡尔森不以为然:"我不信!因为我从来就没有想过要养一只鸟。"没过几天,恰逢卡尔森生日,詹姆斯送上了礼物——一个精致的鸟笼。卡尔森笑了,说:"我只当它是一件漂亮的工艺品,你就别费劲了。"

从此以后,只要客人来访,看见书桌旁那个空荡荡的鸟笼,他们几乎都会无一例外地问:"教授,你养的鸟什么时候死了?"卡尔森只好一次次地向客人解释:"我从来就没有养过鸟。"然而,这种回答每次换来的却是客人困惑甚至有些不信任的目光。无奈之下,卡尔森教授只好买了一只鸟,詹姆斯的鸟笼效应奏效了。实际上,在我们的身边,包括我们自己,很多时候不就是先在自己的心里挂上一个笼子,然后再不由自主地朝其中填满一些什么东西吗？

这个规律放在企业里也可以说明很多问题。对企业而言，它可以说明企业的战略应该和能力相匹配，很多时候应该"顺势而为"，企业有什么样的能力、什么样的资源，往往就决定了战略的大方向。

有的企业里有这样的架构：总裁、执行总裁、常务副总裁。根据职能进行分析，其中的执行总裁基本上是一个"空着的鸟笼"，只是由于历史原因一直保留着这个职位，在进行了大规模整改后，这个职位空了出来，却吸引了众多人的关注。因此，企业应该精简整个组织架构，扔掉一些类似的"空鸟笼"。

在日常生活中，也会经常出现鸟笼效应，或者称为"空花瓶效应"。例如，一个女孩子的男朋友送了她一束花，她很高兴，可是有了这束花，就必须要买个花瓶，所以她特意让妈妈从家里带来一个水晶花瓶。结果为了不让这个花瓶空着，她的男朋友必须隔几天就送花给她。当然这是此效应的一种甜蜜的体现。

如果不能合理应用鸟笼效应，还可能使自己的生活显得忙乱。例如，你买了一件漂亮的上衣，你马上会想到要再买一条和这件上衣搭配的裤子，甚至要去买一双和上衣、裤子搭配的鞋。

买了房子就想去装修，装修可就开始麻烦了，每件物品的搭配，或者家具的选择、房间的布局，总得受前一因素的影响或制约。家里如果有很多藏书，就会为了这些藏书去做个书柜，做了书柜就要配一个凳子，配了凳子可能还需要配一个落地窗，这样看书才高雅。配了落地窗，发现房子太小，必须把房间打通……

生活中类似的事情不计其数，鸟笼效应给了我们这样一个启示：做任何事情都要系统地思考可能和这件事情相关的所有事情，只是根据自己的惯性去做一些事情，就会使自己的生活和工作处于忙乱的状态。因此，我们在日常生活或工作过程中，一定要善于培养自己的逻辑思维能力，考虑事情要系统、全面。

小　故　事
由书桌引发的故事

罗亮和陈浩是邻居。由于工作的缘故罗亮要迁居，家里的东西大部分都要卖出去。在清理完所有的家具后，只剩下了一张雅致的书桌，这张书桌价格昂贵，如果作为次品卖出也收不回多少钱。于是，罗亮决定把它作为纪念礼物送给邻居陈浩。陈浩也欣悦地接受了并对此表示了感谢。

书桌搬回自家书房后，陈浩发现书房那把破旧的木藤椅与书桌比起来真是大煞风景。于是陈浩决定买一把好的皮质的转椅来搭配书桌。就这样，他花了250元买了一把合适的转椅，心里觉得舒服了许多。

一天，朋友来陈浩家做客，陈浩为展示自家的新书房，请朋友进来看看。朋友对书桌和转椅赞不绝口，说："不错，不错，只是能把书橱换一下就更好了。"陈浩看了看，觉得书橱有些破旧了，确实也应该换个新的了，于是又花钱换了书橱……

这天，又有一些朋友光顾了陈浩家，照样来到了书房，还是同样夸赞了一番，但是最后话锋一转："你的书房什么都好，就是光线暗了些，要是能把墙打开，建一扇落地窗就更加明亮了。"听后，陈浩深以为然，于是……

65 首因效应

一个人留给他人的第一印象往往是最重要的，第一印象作用力强、持续时间长，将直接影响他人以后的一系列行为。

首因效应是指在人际知觉中，人对他人的第一印象。第一印象不管正确与否，总是鲜明、牢固的，往往左右着一个人对另一个人的评价。一般人通常根据第一印象将新认识的人进行归类，然后再根据这一类别人的总体特点对此人加以推论并做出判断。通常所说的"先入为主"，便是这个意思。显然，这种首因效应作用过大，便可能导致人际知觉上的失误。即一个人如果一开始给人留下了好印象，那么可能一直都是好的；一个人如果一开始给人留下了坏印象，则可能一直都是坏的。

但是，"路遥知马力，日久见人心"。凭第一印象就妄加判断，"以貌取人"，往往会带来不可弥补的错误。《三国演义》中"凤雏"庞统当初准备效力东吴，于是去面见孙权。孙权见庞统相貌丑陋，心中先有几分不喜，又见他傲慢不羁，更觉不快。最后，这位广招人才的孙仲谋竟把与诸葛亮齐名的奇才庞统拒之门外，尽管鲁肃苦言相劝，也无济于事。众所周知，礼节、相貌与才华绝无必然联系，但是礼贤下士的孙权尚不能避免这种偏见，可见第一印象的影响之大。

第一印象，是在短时间内以片面的资料为依据形成的印象。心理学研究发现，与一个人初次会面，45秒钟内就能产生第一印象。这一最先的印象会对他人的社会知觉产生较强的影响，并且在对方的头脑中形成并占据着主导地位。并且这种先入为主的第一印象是人的普遍的主观性倾向，会直接影响以后的一系列行为。

有这样一个故事：一名市场营销专业的毕业生正急于找工作。一天，他到某销售公司对总经理说："你们需要一个销售主管吗？""不需要！""那么助理呢？""不需要！""那么普通的销售人员呢？""不，我们现在什么空缺也没有了。""那么，你们一定需要这个东西。"说着他从公文包中拿出一块精致的小牌子，上面写着"额满，暂不雇用"。总经理看了看牌子，微笑着点了点头，说："如果你愿意，可以到我们业务部门工作。"

这个大学生通过自己制作的牌子表现了自己的机智和乐观，给总经理留下了良好的"第一印象"，引起其极大的兴趣，从而为自己赢得了一份满意的工作。这就是首因效应的微妙作用。

首因效应在人际交往中对人的影响较大，是交际心理中较重要的名词。人在与他人第一次见面时给对方留下的印象，在对方的头脑中形成并占据着主导地位。我们常说的"给人留下一个好印象"，一般指的就是第一印象，这里就存在着首因效应的作用。因此，在交友、求职等社交活动中，我们可以利用这种效应，展示给人一种极好的形象，为以后的交流打下良好的基础。

首因效应就是说人们根据最初获得的信息所形成的印象不易改变，甚至会左右对后来获得的新信息的解释。实践证明，第一印象是难以改变的。因此在日常交往过程中，尤其是与别人初次见面时，一定要注意给别人留下一个美好的印象。

首先，要注重仪表风度。一般情况下，人们都愿意同衣着干净整齐、落落大方的人接触和交往。

其次，要注意言谈举止。言辞幽默，侃侃而谈，不卑不亢，举止优雅，定会给人留下难以忘怀的印象。

首因效应在人们的交往中起着非常微妙的作用，只要能准确地把握它，定能给自己的事业开创良好的人际关系氛围。

------------------------------------ 小　测　试 ------------------------------------

测测你留给别人的第一印象

每个人都很在意自己给别人留下的第一印象如何，而你给别人留下怎样的第一印象与你固有的性格特质有很大的关系，你想知道自己会给别人留下怎样的第一印象吗？

我们来做一个很简单的测试：从性格、爱好、特质和受欢迎程度等多个方面来比较，你觉得你最像哪一种动物？

A．狗

B．猫

C．马

D．牛

解析：

选A：不易给人留下强烈的印象，稍不留神，你就会混入人群，看不见踪影。

选B：这类男性不会给人留下好的印象，会令人觉得太过女性化；这类女性具有诱人的魔力，总想引起别人的注意，也往往会取得成功。

选C：在人群中总是突出的，因为你有着凌人的气质，而且会在你的一举一动中时刻体现。

选D："俯首甘为孺子牛"。你有着惊人的耐力，不达目的誓不罢休，但是你的牛脾气也往往会成为别人无法忍受之处。

66 詹森效应

在竞技场上,人与人之间不仅是实力水平的比拼,还有心理素质的比拼。因此,培养良好的心理素质是至关重要的。

有一名运动员叫詹森,平时训练有素,实力雄厚,但在体育赛场上却连连失利。人们借此把那种平时表现良好,但由于缺乏应有的心理素质而在竞技场上失败的现象称为"詹森效应"。

在日常生活中,有些人名列前茅,实力雄厚,但却在比赛时连连失误。唯一的解释只能是心理素质比较差,主要是由得失心过重和自信心不足造成的。有些人平时"战绩累累",卓然出众,众星捧月,就会形成这样一种心理定式:只能成功不能失败,再加上赛场的特殊性,社会、国家、家庭等方面的厚望,使得其患得患失的心理加剧,心理包袱过重。如此强烈的心理得失困扰着自己,怎么能够发挥出应有的水平呢?还有一个原因就是缺乏自信心,产生怯场心理,束缚了自己潜能的发挥。

在学校中,不少学生也会产生类似现象。平时在学习中,基础扎实,考前准备充分,然而一到大考就发挥失常,常常表现出紧张、慌乱的样子，脑海里似乎变得一片空白。其中主要原因是学生对考试成绩的期望值过高，而又缺乏自信。只想成功，又怕失败，患得患失，导致压力过大。结果造成大脑皮层兴奋与抑制过程失衡、植物神经功能紊乱，各种症状随之而来。

有一名学生，连续两年参加高考，均因在考场上过度紧张而落榜，而按平时的考试成绩，他是完全可以进重点院校的。第一门考语文时，有一道题他平时没见过，因此就紧张起来，心跳加快，呼吸急促，神情慌乱，双眼模糊，看不清试卷，结果本来擅长的科目却考得一塌糊涂，最后以3分之差落榜。

经过一年的刻苦学习，他又走进了高考的考场。但一进考场，他又被笼罩在一种无形的紧张气氛中，明明会答的题目，甚至平时熟悉的题目都变得陌生起来，等到走出考场才恍然大悟，结果又以7分之差落榜。两次考场失利使这个男孩掉进了痛苦的深渊，他再也没有勇气参加高考了。

那么，在日常生活中怎样才能避免詹森效应呢？

首先，要增强信心。只有充分相信自己的实力，才能在考场上或比赛场上沉着冷静，使自己进入"角色"，发挥出正常水平。

其次，是淡化考试或比赛的结果，注重参与的过程。不去过多考虑结果如何，减少影响自己发挥出正常水平的不利因素，把主要精力集中于具体的解决问题或比赛过程中，这样不仅能使自己发挥出正常水平，保持轻松的状态，而且能使心理保持平静与放松。

再次，要注意多用肯定的话语来唤起自己的积极情绪。特别是在遇到困难时，要用"冷静！细心！沉住气！"等话语来暗示自己，进行深呼吸，而少用否定性的话语，如"别紧张！别慌！可千万别出错！"等。

最后，在做一件重要的事情前，要调整好自己的状态，合理安排自己的时间，保证充足的睡眠。

---- 小 贴 士 ----
如何提高心理素质

要想拥有良好的心理素质，首先应该提高自己的水平，这样才有提高心理素质的资本。在实力并没有到达一定程度的时候谈心理素质没有太大的意义。如果说双方实力相近，那么往往谁可以发挥得更好，谁就能取胜，这个时候就得靠自己调整状态了。

心理素质是一个人长时间在现实生活中形成的一种遇到突发事件时所表现出的个体素质。要想提高自身的心理素质，就应在平时生活中，始终保持一种平和的心理状态。遇到紧急事件或始料不及的情况时，首先要保持冷静，不慌不忙才能保持思维不乱，长此以往便会形成良好的心理素质。

运动员的心理素质是靠长期比赛一点一滴地提高的，它应该是和比赛的经验成正比的。心理素质是后天锻炼出来的，"艺高人胆大"说的就是这个道理。如果自己的技术水平达到了一定的高度，那么心里自然就会比较踏实稳定。反之，如果要用自己不足的实力去向强手挑战，就需要一定的比赛经验外加自身的全力投入，才有可能挑战成功。

67 记忆的自我参照效应

在接触新东西的时候，如果它与我们自身有密切关系的话，学习的时候就有动力，而且不容易忘记。

曾任美国总统的安德鲁·杰克逊是美国历史上出色的政治家之一。在妻子死后，杰克逊对自己的健康状况变得非常担忧。家中已经有好几个人死于瘫痪性中风，杰克逊因此认定他必定会死于同样的病症，所以他一直在这种阴影下极度恐慌地生活着。

一天，他正在朋友家与一位年轻的小姐下棋。突然杰克逊的一只手垂了下来，整个人看上去非常虚弱，脸色发白，呼吸沉重。他的朋友走到他身边。

"最后还是来了，"杰克逊乏力地说，"我得了中风，我的右半边身体瘫痪了。"

"你是怎么知道的呢？"朋友问。

杰克逊答道："因为刚才我在右腿上捏了几次，但是一点儿感觉也没有。"

这时，和杰克逊下棋的那位姑娘说道："可是，先生，你刚才捏到的是我的腿啊！"

不要以为这种错误的恐慌只会出现在一个垂垂老去的人身上，实际上它在我们每个人的身上都存在，只不过表现的形式与程度不同而已。之所以这样说，是因为每个人都会受到一种记忆的自我参照效应的影响。所谓"记忆的自我参照效应"，就是指我们在接触到与自己有关的信息或者事情时，最不可能出现忽视或者遗忘的现象。

有一个中年妇女嫁到丈夫家三年后，她的公公因胃癌去世了。过了两年后，她的婆婆也因胃癌去世了。全家人因此诚惶诚恐，生怕自己也得上这个可怕的病。于是全家开始实行分餐制，甚至全都去医院检查了一遍，检查结果发现，她的丈夫有胃炎，她和女儿的身体并无大碍。可是这位女士仍然担心不已，她细心地照顾着自己的丈夫和女儿。

一次她因为劳累过度，感觉自己身体不舒服，就对家人说："我有一种预感，我也得了胃癌。"后来，家人把她送到医院一检查，医生告诉她，只是过度劳累、饮食不注意引起的腹胀而已。

这个例子就是记忆的自我参照效应的最好印证。记忆的自我参照效应可以阐明生活中的一个基本事实：我们对自我的感觉处于世界的核心位置。由于我们倾向于把自己看成世界的核心，我们会高估别人对我们的行为的指向程度。我们经常把自己看成某件事情的主要负责人，而实际上我们只是在其中扮演一个小角色而已。

我们在学习新东西的时候，这种效应也常常在发挥作用。一方面，我们在学习新东西的时候，常常会将这些东西与自己联系起来。如果学到的东西与我们自身有密切关系的话，就会记得很牢固。

但是另一方面，这种效应也有其不利影响。比如医学院的学生常常碰到这种情况，每当老师介绍一种病症的时候，学生总免不了会先想到自己是否出现过类似的症状。如果不巧有两三点看似符合，就开始惊慌，怀疑自己是否已经病入膏肓，其实自己一点儿事都没有。

这种效应除了在我们的日常生活和学习中可以发挥作用之外，也可应用在广告中。有这样一个研究，让被试者看一则照相机的图片广告，然后分别问他们三个问题：这张图片有没有红色？这是什么？你用过这种产品吗？过后，让被试者回忆照相机的品牌，结果被问过第三个问题的人对该品牌印象最深。很显然，第三个问题与我们自身有直接的联系。

------------------ 小 故 事 ------------------
未被检查的账簿

德国的一家大公司用于日常运转的费用开支很大，公司经理为了降低费用开支，想出了一个办法。他雇了一位面孔冷酷、资历很深、有多年会计工作经验的人。经理让这位会计师坐在一间有玻璃窗的办公室里，这样他就可以看到在他前面办公的所有员工。公司经理告诉所有员工："他是被雇来检查所有费用账簿的。"

每天早晨公司职员都会把一叠费用账簿摆在他的办公桌上。到了晚上，他们又来把这些账簿拿走交给会计部门。然而这位被请来的会计师根本未曾翻阅过那些账簿，但是所有员工都不知道这回事。

奇迹出现了，在会计师来公司"检查"账簿的一个月时间内，公司的日常运转费用开支降低至原来的80%。

会计师并没有每天检查账簿，但奇迹为什么出现了呢？这主要是因为公司的员工出现了记忆的自我参照效应。公司请会计师这一客观事实，引起公司人员的神经冲动，开始产生心理活动，感知到"检查"，对"检查"做出对应的反应，就是要自律，不能胡乱支出。

68 思维定式效应

思维定式可以帮助我们解决每天碰到的90%以上的问题，但是它却不利于创新思考，不利于创造。

在一定的环境中工作和生活，人们会局限于既有的信息或认识的现象。久而久之就会形成一种固定的思维模式，使人们习惯于从固定的角度来观察、思考事物，以固定的方式来接受事物。

定式是由先前的活动造成的一种对活动的特殊的心理准备状态或倾向性。在环境不变的条件下，定式使人能够应用已掌握的方法迅速解决问题。而在情境发生变化时，它则会妨碍人采用新的方法。消极的思维定式是束缚创造性思维的枷锁。

所谓思维定式，就是按照积累的思维活动经验教训和已有的思维规律，在反复使用中所形成的比较稳定的、定型化了的思维方式、程序、模式。

美国心理学家迈克曾经做过这样一个实验：他从天花板上垂下两根绳子，两根绳子之间的距离超过人两臂展开的长度，如果用一只手抓住一根绳子，那么另一只手无论如何也抓不到另外一根绳子。在这种情况下，他要求一个人把两根绳子系在一起。不过他在离绳子不远的地方放了一个滑轮，是想给系绳的人以帮助。然而系绳的人却没有想到它的用处，没有想到滑轮会与系绳活动有关，结果没有完成任务。

其实，这个问题很简单。如果系绳的人将滑轮系到一根绳子的末端，用力使它荡起来，然后抓住另一根绳子的末端，待滑轮荡到他面前时抓住它，就能把两根绳子系到一起，问题就解决了。思维定式有时有助于问题的解决，但有时也会妨碍问题的解决。

能够把人限制住的，只有人自己。人的思维是无限的，像天上的云彩一样，有无数种可能的变化。也许我们正被困在一个看似走投无路的境地，也许我们正囿于一种两难的选择之间。这时一定要明白，这种境遇只是我们固执的定式思维所致，只要勇于重新考虑，就一定能够找到不止一条跳出困境的出路。

思维定式效应对于解决问题具有极其重要的意义。在问题解决过程中，思维定式的作用是：根据面临的问题联想起已经解决的类似的问题；将新问题的特征与旧问题的特征进行比较，抓住新旧问题的共同特征，将已有的知识和经验与当前问题情境建立联系；利用处理过类似的旧问题的知识和经验处理新问题，或把新问题转化成一个已解决的熟悉的问题，从而为新问题的解决做好积极的心理准备。

一头动物园里的大象，每天的生活只是在栅栏里吃吃东西、玩玩自己的鼻子，而拴着它的只是一根细细的链条。有人问管理员："大象那么大的力气，为什么不挣脱链条逃走呢？"

管理员回答：它当年可不是这样，总想出去玩，于是我们把它的鼻子拴在柱子上，它想出去时，一挣链条，就会感到疼痛得不得了。于是小象对自己说："我这样一头小象是挣脱不了这段链条的。"然后有了第二次、第三次……以后,它再也不想挣脱链条了,一直到老。

大象的失败在于它一直在给自己负面暗示:"我不行,我挣脱不开。"直到它长大了,力气大了,已经能够挣脱细细的链条,却不肯再做一次尝试。可以说,这头大象被自己的定式思维控制住了。

思维定式对问题的解决既有积极的一面,也有消极的一面,它容易使我们产生思想上的惯性,养成一种呆板、机械、千篇一律的处理问题的习惯。当新旧问题形似质异时,思维的定式往往会使人步入误区。当一个问题的条件发生质的变化时,思维定式会使人墨守成规,难以产生新思维、做出新决策,造成知识和经验的负迁移。因此在生活中,我们在面对相似的问题时,一定要多加考虑,防止思维定式带来的负面影响。

小 故 事

一个乞丐的故事

上帝想改变一个乞丐的命运,就化作一位老翁来点化他。

他问乞丐:"假如我给你1000元钱,你打算怎么用它?"乞丐回答说:"这太好了,我可以用这笔钱买一部手机呀!"上帝不解,问他为什么。"我可以同城市里各个地区的人联系,哪里人多我就去哪里乞讨。"乞丐回答。

上帝很失望,又问:"假如我给你10万元钱呢?"乞丐说:"那我可以用来买一辆车。这样我以后再出来乞讨就方便了,再远的地方也可以迅速赶到。"

上帝感到很悲哀,这次他狠了狠心说:"假如我给你1000万元呢?"乞丐听罢,眼里闪着亮光说:"太好了,我可以把这个城市最繁华的地区全买下来！"上帝挺高兴。

　　这时乞丐突然补充了一句："到那时，我可以把我领地里的其他乞丐都撵走，不让他们抢我的饭碗。"看来，一个人的思维一旦形成定式，连上帝都无法改变。

69 刻板效应

仅凭一个人所属的人群特征来判断他的其他特征，很容易产生偏差和错觉。

一位心理学家心生好奇，他知道鳄鱼是一种十分凶猛而有力的动物，但是他想知道它们是不是也有耐力和韧性。于是他把一条饥饿的鳄鱼和一些小鱼放在一个巨大的箱子的两端，中间用一块厚厚的透明的玻璃板隔开。刚开始，鳄鱼毫不犹豫地向小鱼发动进攻，它失败了。但它毫不气馁，接着向小鱼发动第二次更猛烈的进攻，又失败了，并且受了伤。它还要进攻，第三次、第四次……多次进攻无望后它再也不进攻了。

这时候，他将两者之间的隔板拿开，奇怪的是鳄鱼像是死去了一样，仍然一动不动。它只是无望地看着那些小鱼在自己的眼皮底下悠闲地游来游去。它放弃了所有努力，最终被活活饿死。

这条鳄鱼的死让他感到十分震惊，他没有想到，一个外表看起来如此强大的生命竟然会如此的没有耐力，或者说如此经不住考验。

从上面的故事里，我们可以看到自己的影子。因为我们也经常会与鳄鱼犯同样的错误。社会心理学把那种用老眼光看人造成的影响称为"刻板效应"。刻板效应，又称定型效应，是指人们用刻印在自己头脑中的关于某人、某一类人的固定印象，来作为判断和评价人依据的心理现象。

刻板效应的形成，主要是由于我们在人际交往过程中，没有时间和精力去和某个群体中的每一成员都进行深入的交往，而只能与其中的一部分成员交往。因此，我们只能"由部分推知全部"，由我们所接触的部分，去推知这个群体的"全体"。

刻板效应主要有以下三个特征：

1．对社会人群简单化的分类方式和泛化概括的认识

例如，商人常被认为是奸诈的，有"无商不奸"之说；教授常常被认为是白发苍苍、文质彬彬的老年人；江南一带的人往往被认为是聪明伶俐、随机应变的；北方人则被认为是性情豪爽、胆大正直的……我们在认识和判断他人时，并不是把个体作为孤立的对象来认识，而总是把他看成是某一类人中的一员，使得他既有个性又有共性，很容易认为他具有某一类所有的品质。因而当我们把人笼统地划为固定、概括的类型来加以认识时，刻板印象就形成了。

2．同一社会人群中刻板印象具有很大的一致性

例如，市场调查公司在招聘负责入户调查的访员时，一般都选择女性，而不选择男性。因为在人们心目中，女性一般比较善良、较少有攻击性、力量也比较单薄，因而入户访问对主人的威胁较小。而男性，尤其是身强力壮的男性如果要求登门访问，则很容易被拒绝，因为他们更容易使人联想到一系列与暴力、攻击有关的事情，使人们增强防卫心理。

3．错误地对别人做出评价

例如，有的老师总是惦记着学生的"不是"与"错误"，对学生已经形成一种不成才的刻板印象，当学生进步后还是用原来的话语去评价学

生，对学生形成偏见、成见。这样做既伤害了学生的自尊心，也影响了老师在学生心中的形象。

刻板印象的积极作用在于它简化了我们的认识过程。因为当我们知道他人的一些信息时，常常根据该人所属的人群特征来推测他所有的其他典型特征。这样虽然不能形成对他人的正确印象，但在一定程度上可以帮助我们简化认识过程。

但刻板效应更多地带来的是负面效应。它常使人以点代面，片面地看人，容易产生判断上的偏差和认识上的错觉。

那么，在日常生活中，如何避免刻板效应的负面效应呢？克服刻板效应的负面影响要注意以下两点：

其一，要善于用"眼见之实"去核对"道听途说"，有意识地重视和寻求与刻板印象不一致的信息。

其二，深入到群体中去，与群体中的成员广泛接触，并重点加强与群体中有典型化、代表性的成员的沟通，不断地检查验证原来刻板印象中与现实相悖的信息，最终克服刻板印象的负面影响而获得准确的认识。

------------------------------ 小 实 验 ------------------------------

关于刻板效应的小实验

著名心理学家包达列夫做过这样一个实验。

将一个人的照片分别给两组被试者看，那个人的特征是眼睛深凹，下巴外翘。然后向两组被试者分别介绍情况，给甲组介绍情况时说"此人是个罪犯"，给乙组介绍情况时说"此人是位著名学者"。最后，请两组被试者分别对此人的样貌特征进行评价。

评价的结果，甲组被试者认为：此人眼睛深凹表明他凶狠、狡猾，下巴外翘反映了其顽固不化的性格；乙组被试者认为：此人眼睛深凹，表明他具有深邃的思想，下巴外翘反映他具有探索真理的顽强精神。

为什么两组被试者对同一个人的面部特征所做出的评价竟有如此大的差异呢？原因很简单，是人们对各类的人有着一定的定型认知。把他当罪犯来看时，自然就把其眼睛、下巴的特征归类为凶狠、狡猾和顽固不化；而把他当学者来看时，便把相同的特征归为思想的深邃性和意志的坚忍性。

70 瓶颈效应

瓶颈期遇到的困难只是暂时的"玻璃顶",若是无法找到合适的通道,"玻璃顶"就会变成"水泥顶",从而封死一个人的出路。

当人群通过一个入口或出口处时,若有次序地行进,可顺畅通行。行进速度愈快则流量愈大。而当人群很拥挤时,则流量大大减少。在公路上行驶的车辆,若相互保持一定距离,则车辆流量会很大。如果遇到一个狭窄的路段,则会因为车辆密度增大而形成堵塞,流量立即减小。这就是所谓的"瓶颈效应"。

"瓶颈效应"可以解释生活中的许多事情。比如,有一天,你在公共汽车上或者在马路上,突然听见有人叫你的名字,你抬头一看,这不是我多年未见的老同学、老朋友某某某吗?自然应当是回叫老同学、老朋友的大名:"某某某,原来是你啊!"奇怪的是,这个"某某某",你心中明明感到是一清二楚的,几乎很快就能叫出他的名字来了,却偏偏就是转化不成具体的语言符号。结果,你只好吐出一句:"你好!你好!"连"你"的姓名都叫不出来,还"好"什么呢?热情自然大打折扣,令人好不尴尬。

生产中的"瓶颈"是指那些限制工作量完成时间、质量的单个因素或少数几个因素。对于个人发展来说,"瓶颈"一词一般用来形容事业发展中遇到的停滞不前的状态。这个阶段就像瓶子的颈部一样是一个关口,再往上便是出口,但是如果没有找到正确的方向也有可能一直被困在"瓶颈"处。不管对企业还是个人,寻求更大的发展的关键就是集中资源首先突破"瓶颈"因素。

罗树大学毕业已经 10 年,在此期间,他曾先后在两家大型企业工作过。由于他的工作能力较为突出,大学毕业之后的前 6 年内职位也不断得到提升。从人力资源部的小职员升到主管,然后再升到部门经理,29 岁时升到高级经理。目前罗树已经 33 岁,在近 4 年时间内,他便一直在人力资源部高级经理的位子上没有挪过窝,当然薪水也在原地踏步。

罗树感到自己已经遇到了职业"瓶颈",眼看自己的孩子已经慢慢长大,而且父母养老也提上了日程,但职位不变,工资也是多年不涨,使得他感到家庭负担在不断加重,他不知道自己的下一步该怎么走。考虑到跳槽的成本,他不想通过跳槽来改变现状,但是在原公司他又不知如何突破自己的瓶颈期。

一个人意识到自己已经遇到"瓶颈"之后,要保持平和的心态,这并不是什么坏事,因为从另一个侧面来看,虽然遭遇"瓶颈",但至少表明对自己的发展有规划。但有的时候,任由"瓶颈效应"起作用,"瓶颈"状态得不到解除,时间一长,心理上松懈并产生一种惰性,那就会使整个活动和某一行为前功尽弃。

由此可见,如何有效地消除学习、生活和工作的"瓶颈效应"是每个人都关心的问题。下面是几种突破"瓶颈"状态的办法。

首先,分析"瓶颈"产生的原因,寻求横向发展的机会。比如,对与自己目前状况相关联的事情多做一些了解，以便通过调整而获得更好的发展机会。

其次，提高自己的心理承受能力，增强自信心。相对来说，随着"瓶颈"状态的出现，人所面临的压力会越来越大，如果不能及时减压，很容易产生疲惫，影响正常生活和工作。拥有饱满自信的心态，也就有了攻克难关的动力。

最后，活到老，学到老。如果是因为自己的知识欠缺或能力不足，可能会因为知识结构的老化而面临被淘汰的尴尬境地。为了避免这种情形的发生，有意识地进行充电提高自身竞争力，是突破瓶颈状态的一种有效手段。

诚然，我们还可以找出其他一些方法来。关键的一点是，我们要记住："瓶颈"状态并不神秘，"瓶颈效应"并不可怕。只要我们想方设法去寻找新的解决办法，依靠知识和实践经验激发想象力，就能顺利地突破"瓶颈"期，甚至可以把"瓶颈"期作为第二次发展的新起点。

---------------- 小 故 事 ----------------
诸葛亮借东风

公元208年，曹操率领80万大军驻扎在长江中游的赤壁，企图打败刘备以后，再攻打孙权。刘备采用联吴抗曹之策，与吴军共同抵抗曹操。周瑜为了实施赤壁火攻之计，与曹操一决雌雄，做了不少准备工作。但是，曹营驻江北，吴军驻江南，欲用火攻之计，还缺少一个必要条件：东南风。

如果没有东南风，就会像"瓶颈"一样卡住整个活动的进行，就会使周瑜的计划和准备工作前功尽弃。为了消除这个"瓶颈效应",使眼看就可以成功的计划及活动从"瓶颈"状态中突围而出,诸葛亮和周瑜下了不少功夫。

诸葛亮在七星坛祭风,周瑜在三江口纵火,火借风威,风助火势,东吴大胜曹操。在赤壁之战中,如果不是诸葛亮"借"来东风,东吴是无法取胜的;东风在这次战役中起到了消释"瓶颈效应"的决定性作用。

71 共生效应

一个想要成才的人是不能远离社会这个群体的，就像一棵大树不能远离森林一样。

在生物界，两种不同的生物一起生活、互为利用的现象较为普遍。白蚁和它肠内的鞭毛虫就是一个例子。鞭毛虫帮助白蚁消化木材纤维，白蚁给鞭毛虫提供栖居场所和养料，如果分离，两者都不能独立生存。在植物界，一株植物单独生长时，往往长势不旺，没有生机，甚至枯萎衰败。而当众多植物一起生长时，却能郁郁葱葱、挺拔茂盛。人们把这种相互影响、相互促进的现象称为"共生效应"。

自然界是这样，人类社会也是如此。人才的成长、涌现具有在某一地域、单位和群体相对集中的倾向。其实，产生人才共生效应规律的根本原因是人才具有辐射作用。

《战国策》中记载了一段淳于髡与齐宣王的故事。

有一天，齐宣王想让淳于髡给他举荐几位人才。淳于髡马上说出了七个人的名字。齐宣王十分惊讶地说："俗话说，人才难得，贤士难觅，你怎么一下子就向我举荐了七位呢？"淳于髡讲："俗话说，物以类聚，动植物都是如此，比如要找名贵的草药，平地难寻，但到了深山老林，就可以车载而归；人也是如此，我淳于髡总还算个贤士吧，让我选才，如河边汲水、火石打火一般。"

共生效应在生活中的应用非常广泛。例如，企业中的领导者如果能充分运用并不断强化共生效应，形成一个吸引人才、利于人才成长与脱颖而出的群体，那么企业势必会有更好的发展。企业之间如果能组成战略同盟，就更能赢得市场。企业这样做的好处是可以取长补短，发挥资源的协同作用，从而形成共生型渠道关系，进而节省企业成本，避免重复建设、规避风险，共同分享市场。

英国大文豪萧伯纳曾说过："倘若你手中有一个苹果，我手中也有一个苹果，我们彼此交换一下，那么你我手中仍然各有一个苹果；但倘若你有一种思想，我有一种思想，我们彼此交换一下，那么每人将有两种思想。"这也是共生效应的一种体现。

在学校教育中，如果合理地运用共生效应，也会有意想不到的结果出现。每个学生都具有独立的思维，既是一个个信息获得者，又是一个个信息源，不断输出信息，在相互刺激、相互交流中就会产生巨大的作用与效果。如果让学生学习时互帮互助，那么他们的学习成绩就会比一个人自主学习时提高得快。

社会心理学家的研究表明，与人合作是学习的很好方法。共同学习，相互切磋，不但能取人之长、补己之短，还能在帮助别人的同时，使自己已有的知识得到进一步的完善和提高。教育心理学家的研究发现：参加合作组的学生，其学习平均成绩高于不参加合作组的79%；在需要长期努力的事业中，集体奋斗者的成功率在80%以上，而孤军作战者的成功率只有5%。

然而，有些人却对共生效应认识不足，他们喜欢孤军作战、个人奋斗。这种做法，无论对个人的成长进步，还是对整个集体的发展，都是不可取的。依靠集体，积极发挥个人的主观能动性，努力为集体做贡献，那是值得肯定和赞赏的。如果离开集体，个人独来独往，孤军奋战，那就偏离了正确方向，也难有大的作为。

小 故 事
树木的启示

一位僧人在寺庙修行期间，由于法事太频繁，他感到自己虽青灯黄卷，苦苦习经多年，谈经论道的能力却远不如寺里的许多年轻僧人。

一天，方丈发现僧人无心念经，就对他说："我们到寺后的林子里走走吧。"

寺后是一片郁郁葱葱的松林。方丈先将僧人带到不远处的一个山头上。这座山上树木稀疏，只有一些灌木和三两棵松树。方丈指着其中最高大的一棵说："这棵树是这里最高的，可它能做什么呢？"僧人围着树看了看，这棵树乱枝纵横，树干又短又扭曲，就说："它只能做煮饭的薪柴。"

方丈又带僧人到那片郁郁葱葱的林子中去，林子遮天蔽日，棵棵松树秀颀、挺拔。方丈问僧人："为什么这里的松树每一棵都这么修长、挺拔呢？"

僧人说："是因为争着承接天上的阳光吧。"方丈郑重地说："这些树就像芸芸众生，它们长在一起，就是一个群体，为了吸收阳光和雨露，它们奋力向上生长，于是它们棵棵都可能成为栋梁。而那些稀稀疏疏的灌木和小树木，它们不愁没有阳光和雨露，没有和它们竞争的树木，它们就会产生惰性，最终只能被用作煮饭的薪柴。"

72 禁果效应

一味地禁止，并不能达到阻止某种行为继续下去的目的，反而会助长这种行为。

"禁果"一词源于《圣经》，它讲的是夏娃被神秘智慧树上的禁果吸引去偷吃，而被贬到人间。这种被禁果吸引的逆反心理现象，称为"禁果效应"。所谓禁果效应，是指一些事物因为被禁止，反而更加吸引人们的注意力，使更多的人参与或关注。这与人们的好奇心与逆反心理有关。有一句谚语"禁果格外甜"，说的就是这个道理。

在生活中常常会遇到这样的情况：你越想把一些事情或信息隐瞒住不让别人知道，越会引来他人更大的兴趣和关注。人们对你隐瞒的东西充满好奇和窥探的欲望，甚至千方百计通过别的渠道试图获得这些信息。而一旦这些信息突破你的掌握，进入了传播领域，会因为它所具有的"神秘"色彩被许多人争相获取，并产生一传十、十传百的效果，从而与你隐瞒该信息的愿望背道而驰。这一现象被称作传播中的禁果效应。

禁果效应在生活中的很多方面都有体现，在青少年中表现得尤为突出。由于青少年处在特殊的发育期，好奇心强，逆反心理重，因此常出现禁果效应。

它给我们的启示有两个。

第一，不要把某些东西当成禁果，人为地增加人们对它的吸引力。

对于青少年来说，越是禁止的东西，他们的兴趣越强。这时，对于父母来说，合理地疏导加上正确的引导尤其重要，因为"抽刀断水水更流"。

比如，有一个男孩，为了知道父母晚上都做些什么、说些什么，他竟然将一支录音笔藏在父母的床头；还有一个孩子在夜深人静时假睡，也是为了知道父母到底会做些什么……这些事例，听起来简直令人难以置信。但这些现象的出现都是由于父母把性当成了不好的东西加以禁止，从而激发了孩子的好奇心，增强了孩子对性的探索欲望。

有些父母对于孩子提出的性问题，要么是遮遮掩掩，要么以"谎言"对答，认为对孩子讲多了性知识，弄不好本来没事反而给自己惹事了。事实并非如此，一味地回避并不能解决问题。父母在家中闭口不谈性，时间长了，会让孩子觉得那是一件不该启齿的事，这反倒会激发孩子对性的兴趣，也会让他们觉得性很神秘。

另外，随着孩子年龄的增长，父母对于性所编造的谎言也会逐步被他们识破。这一方面会让他们觉得父母不可信任；另一方面，父母的做法又会对他们产生影响，有可能让他们日后也变得虚伪、不诚实，也认为在性的问题上是不能说真话的。

第二，可以把人们不喜欢而又有价值的事情人为地变成禁果以提高其吸引力。

例如，某家公司，员工在上班的时候，聊天的人很多，领导为此制定了严厉的惩罚措施，但收效不大。正当领导感到头疼之时，他突然灵机一动，计上心来。第二天，他在公司里当众宣布：本公司为了照顾自制能力差的员工，允许他们上班时用专门的时间聊天半小时。此言一出，公司里基本上没有人再在上班时间大肆聊天了。这位领导巧妙地利用了员工自尊心强、要面子的心理，进行反向心理诱导，收到了奇效。没有谁愿意享受这一特权，因为每位员工都不愿意承认自己是自制能力差的人。

禁果效应在生活中的应用很广泛，但同时它又是一把双刃剑，既有积极的作用，又有消极的作用，只要能巧妙地利用禁果效应，那么在处理某些事情时就会达到意想不到的效果。

------- 小 故 事 -------

课堂上的禁果效应

在一次上新课前，老师故弄玄虚地说："同学们，我这里有一道题，本想让你们做一做，可是连我都没办法做出来，对你们来说就更难了。"学生请求道："老师，让我们看看这道题吧。"

老师装作无可奈何的样子把题写在黑板上。全班同学都忙碌起来。不一会儿，一半学生举起了手。老师拖着长腔问："怎么样，不会做吧？"谁知，学生齐声说："老师，我们已经做出来了！"几名学生清晰地说出了算式和解题思路。

老师故意装作甘拜下风的样子说："同学们，你们真了不起，比老师还聪明，看来这节新课你们肯定自学就能学会，有没有信心？"同学们齐声回答："有！"学生们兴致盎然，学习的积极性特别高。

73 半途效应

无论做什么事，都应持之以恒、有始有终，若半途而废，那就永远不会成功。

半途效应是指在实现目标的过程中到达半途时，由于心理因素及环境因素的交互作用而引起的对于目标行为的一种负面影响。大量的事实表明，人的目标行为的中止期多发生在半途附近，人的目标行为过程的中点附近是一个极其敏感和脆弱的活跃区域。

半途效应可以解释生活中的很多事情，下面的故事就是一个例子。

老张的女儿从小练书法，从6岁开始，就经常在全国少儿书法比赛中获奖。现在，他的女儿马上就要考高中了，老张看到报纸上登了一则报道，说是像他女儿这样在全国获得过书法比赛奖的，有明文规定可以获得加分。这让大家羡慕极了。

"我女儿也学过书法，不过没坚持下来。"同事甲说。

"我也是，我小时候学过很多东西，但都是半途而废，最后一事无成。"同事乙也很感慨地说。

"练字是很枯燥的，坚持下来需要有毅力。"老张说。

有些人做事常常是凭着几分钟的热情，半途而废，不能坚持，最终只能一事无成。

导致半途效应的原因主要有三个。

1．对目标产生怀疑

当人们追求一个目标进行到一半时，常常会对自己能否达到目标产生怀疑，甚至对这个目标的意义产生怀疑。这时候的心理会变得极为敏感和脆弱，容易导致半途而废。

2．急于求成

我们做事情常常在开始的时候是一腔热血，然后是热情消退，最后完全放弃。归根结底是急于求成、不愿面对困难。我们总是想着事情的最后结果，急于看到我们所做的工作的成果，而这些却不是一天两天能看得出来的。所以我们就觉得这些工作是没有意义的，于是就选择了放弃。

3．意志力薄弱

每个人都有自己的学习目标，很多人还制订了一个详细的学习计划。但很少有人把自己的学习计划坚持下去。通常是刚开始的时候，每天都能坚持学习。坚持一段时间之后，就会遇到各种各样的事情，然后就会由每天看书变成隔几天看一次，到后来甚至完全放弃自己的学习计划。这种事情每个人都会遇到，而放弃的原因总是多种多样，因为如果你不想做一件事，你一定会找到一个借口。其实之所以没有坚持到底，半途而废，只有一个原因，那就是意志力过于薄弱。

那么，怎样才能克服半途效应呢？

首先，我们要给自己树立起明确的目标。然后将这个目标和练习计划联系起来，把最终要实现的目标分解成一个个具体的小目标。这样，每当实现一个小目标，就能及时看到自己的劳动成果。增加了成功的体验，尝到了甜头，就很容易坚持下去，以实现更大的目标。

其次，要养成良好的习惯，从一点一滴的小事做起，做到"今日事，今日毕"。例如，按时完成当天计划的任务，一天一天地坚持下去，自己的毅力也就磨炼出来了。

最后，坚持体育锻炼。体育锻炼不仅使人有健康的身体、充沛的精力，而且还能培养人的意志力。例如，每天早晨坚持跑步。强迫自己每天在固定的时间起床，然后到户外慢跑几千米，无论刮风下雨、酷暑严寒，都要坚持跑下去。长期艰苦的体育锻炼，定能使你具备不怕苦、不怕难、知难而进、始终如一的意志品质。

-------- 小 故 事 --------

乐羊子妻的故事

东汉时，河南郡有一位贤惠的女子，人们都不知她叫什么名字，只知道她是乐羊子的妻子。

一天，乐羊子在路上拾到一块金子，回家后把它交给妻子。妻子说："我听说有志向的人不喝盗泉的水，因为它的名字令人厌恶；也不吃别人施舍的食物，宁可饿死。更何况拾取别人失去的东西，这样会玷污品行。"乐羊子听了妻子的话，非常惭愧，就把那块金子扔到野外，然后到远方去寻师求学。

一年后，乐羊子归来。妻子起身问他为何回家，乐羊子说："出门时间长了想家，没有其他缘故。"妻子听罢，操起一把刀走到织布机前说："这机上织的绢帛产自蚕茧，成于织机。一根丝一根丝地积累起来，才有一寸长；

一寸一寸地积累下去，才有一丈乃至一匹。如果今天我将它割断，就会前功尽弃，从前的时间也就白白浪费掉了。"

妻子接着又说："读书也是这样，你积累学问，应该每天获得新的知识，从而使自己的品行日益完美。如果半途而归，和割断织丝有什么两样呢？"

乐羊子被妻子说的话深深震撼了，直到七年后，他完成了学业才回家。